BEST
OFF

Bibliografische Information der Deutschen Bibliothek: Die Deutsche Nationalbibliothek verzeichnet diese Publikation in der Deutschen Nationalbibliografie; detaillierte bibliografische Daten sind im Internet über dnb.d-nb.de abrufbar.

1. Auflage 2018

Umschlaggestaltung und Layout: Birgit Kempke
Titelfoto: Christiane Slawik
Fotos: Christiane Slawik, Dr. Tanja Sommer, Kathrin Ternes, Sonja Walscheid, Lena Grabavac, Alexandra Kreuzer
Herstellung: Patricia Knorr-Triebe
Printed in Germany


Postfach 12 03 47 · D-93025 Regensburg
Tel. +49 (0)9404 96 14 84 · Fax. +49 (0)9404 96 14 85
E-Mail: info@best-off-verlag.de · Homepage: www.bestoffverlag.de

ISBN 978-3-96133-031-7

Martin Kreuzer

# Die Psychologie des Pferdes

## Wie Pferde wirklich denken, fühlen und lernen

# Inhalt

# Einleitung – Vorwort

Für mich ist es mein größtes Bestreben, Mensch und Pferd zu helfen eine immer noch bessere Beziehung zueinander zu haben. In meiner langjährigen Tätigkeit als Ausbildner und Kursleiter habe ich so viele Pferd-Mensch-Beziehungen erlebt, die aneinander vorbei lebten, nur weil sich beide einfach nicht *verstanden* haben. Das Pferd verstand nicht was der Mensch vom ihm wollte und umgekehrt genauso. Und dabei ging oder geht es immer nur darum, eine immer noch bessere Kontrolle über das Pferd zu haben. Das aber kann doch nicht wirklich *alles* sein – es muss doch einen Weg geben, Vertrauen und Verstehen so aufzubauen, damit Kontrolle einfach nicht mehr notwendig ist.

Meine wichtigste Frage also war: *Wie kann ich beiden helfen?*

Und ich begann mein Wissen immer weiter auszubauen, um selber ein immer noch besseres Verständnis für die Natur und die Lernpsychologie der Pferde zu bekommen. Auf diesem Weg habe ich auch viele Fehler gemacht, die mich aber letztendlich wieder weiterbrachten und ich habe im Laufe der Jahre viele wunderbare Pferdeleute kennen gelernt, die mir viele interessante Anregungen mit auf diesem Weg gaben.
Wenn Du dieses Buch systematisch durchgearbeitet hast, wirst Du, davon bin ich überzeugt, eine bessere und glücklichere Beziehung zu Deinem Pferd haben. Dein Pferd wird Dich besser verstehen und Du wirst Dein Pferd besser verstehen.
Und ab diesem Zeitpunkt könnt Ihr beide völlig neu zusammenarbeiten – im Sinne der Natur und der Lernpsychologie Deines Pferdes.
Ich wünsche Dir nun viel Freude beim Lesen und sehr gerne stehe ich Dir für etwaige Fragen zur Verfügung.

Beste Grüße
*Martin Kreuzer*

„Wenn der Mensch sein Pferd verändern möchte,
so muss er zuerst sich selber verändern."

Martin Kreuzer

Dieses Buch versteht sich nicht nur als Basis-Leitfaden für die Lernpsychologie der Pferde, es versteht sich auch als Motivation, die Selbstwahrnehmung und auch die Fremdwahrnehmung wieder zu schärfen.

Um wirklich artgerecht kommunizieren zu können mit einem Pferd, müssen wir uns frei machen von Klischees, Vermenschlichung, Vorurteilen und Missverständnissen. Wir müssen uns selbst wieder auf eine natürliche Ebene begeben, die wir schon lange verlassen haben.

Die Welt, in der wir leben, lebt von Technik und Digitalisierung, von Vernetzung, Isolation und Fremdbestimmtheit.

Beim Pferd geht es nicht um Dekoration und Darstellung, beim Pferd geht es um das, was wirklich zählt im Leben. Nehmen wir unseren Partner Pferd ernst – im Sinne seiner Natur – so wird es auch immer ein Blick in das eigene Leben sein.

Dieses Buch möchte auch ermutigen, neue Wege in der Reiterei zu gehen. Zurück zur Natur und zurück zu uns selber – mit allem was dazu gehört.

Noch nie zuvor hatten wir so viele Möglichkeiten zu entdecken wie unsere Pferde wirklich sind. Wissenschaftlich und medizinisch – und dies sollten wir Menschen nutzen – zum Wohle unserer Pferde.

„Wir müssen lernen, uns nicht mit unwesentlichen
Aktivitäten und Beschäftigungen zu überfordern,
sondern unser Leben mehr und mehr zu vereinfachen.
Der Schlüssel zu einer glücklichen Ausgewogenheit
im modernen Leben ist Einfachheit."

Sogyal Rinpoche

„Erst wenn wir unser Pferd richtig verstehen,
kann es auch uns richtig verstehen."

Martin Kreuzer

# Pferdepsychologie

## Basiswissen

Wir befassen uns nun damit, wie Pferde Denken, Fühlen und Lernen, konfrontiert mit ihrer Umgebung. Das Wesentliche in der Anwendung von den Konzepten des modernen Pferdetrainings ist es, die Antworten eines Pferdes zu analysieren und damit zusammenhängend eine Methode des Pferdetrainings zu entwickeln, die sich mit dem *natürlichen* Leben verbinden lässt und somit eine Solidarität mit den *natürlichen* Bedürfnissen, Wahrnehmungen und Intelligenz der Pferde darstellt.

Wir beginnen damit, die Natur der Pferde in der Wildnis darzustellen, ihre soziale Struktur und Überlebensstrategien, werden übergehen in ihre Denkprozesse und ihre Sprache unter Berücksichtigung ihrer anatomischen Struktur. Diese Sektionen reißen Wege an, die Dich zu einem wirklich erfolgreichen Pferdemenschen machen können.
Ich hoffe sehr, dass ich Deinen Horizont erweitern und Du ein Gefühl entwickeln kannst, für die Möglichkeiten und die Belohnungen innerhalb einer völlig neuen partnerschaftlichen Basis zwischen Dir und Deinen Pferden.

# Die Natur des Pferdes

## Evolution

Das einzige Ziel des Pferdes als Tierart ist es *zu überleben*. Dieses Überleben beinhaltet die Fortpflanzung, den Lebensunterhalt zu sichern und Raubtieren auszuweichen. Die natürliche Selektion sichert, dass kein Individuum überlebt und sich fortpflanzt, welches nicht die notwendige Anpassung an diese Ansprüche besitzt. Damit wird ihr nicht angepasstes Erbgut aus dem Genpool entfernt. Die Ergebnisse dieser und anderer Selektionsmechanismen haben es nur den Besten und Gesündesten erlaubt zu überleben. Dadurch wurde die Evolution der Art an das Überleben der Besten und Gesündesten gekoppelt. Sie haben überlebt, weil sie fähig sind, zwischen wichtiger Information, die eine Anpassung erfordert und unwichtiger Information, welche nur grenzwertige Bedeutung hat, zu unterscheiden.

Darin hat sich auch durch die Domestizierung des Menschen nichts verändert. Das instinktive Verhalten steht noch immer im Vordergrund. Seit etwa 50 Millionen Jahren gibt es das Fluchttier Pferd. Diesen Vorfahren unseres heutigen Pferdes nennen wir Eohippus. Es hat aber nicht wirklich viel mit dem heutigen Bild des Pferdes zu tun. Es war nur in etwa so groß wie ein Fuchs und hatte vier Zehen an der Vorder- und drei Zehen an den Hinterbeinen. Vor ca. 17 Millionen Jahren tauchte dann der Merychippus auf, mit ca. einem Meter Stockmaß, der dem heutigen Pferd schon sehr ähnlich sah.

Vor etwa 10 Millionen Jahren entwickelten sich dann die ersten richtigen Stammväter unserer heutigen Pferde. Nur als Vergleich, den uns bekannten Menschen gibt es laut neuesten Forschungen gerade mal ca. 2,5 Millionen Jahre. Aufzeichnungen für die bewusste Pferdehaltung durch den Menschen gibt es aus der jüngeren Altsteinzeit (vor ca. 300 000 Jahren), Aufzeichnungen für die uns bekannte Reiterei ca. 6000 Jahre.

In Deutschland, Österreich und der Schweiz beschäftigen sich derzeit ca. 3 Millionen Menschen regelmäßig mit Pferden. Alleine in Deutschland sind etwa 11 Millionen Menschen am Thema der Pferd-Mensch-Beziehung generell interessiert. Aber erst seit etwa 20 Jahren ist die komplexe Mensch-Tier-Interaktion im Blickfeld der Wissenschaft. Alles davor sind lediglich Überlieferungen und verschiedene Erklärungsmodelle.

„An einem edlen Pferd schätzt man nicht seine Kraft,
sondern seinen Charakter."

Konfuzius

## Die Herde

Um in der Wildnis zu überleben bilden die Pferde einen Familienverband, welchen wir Herde nennen. Sie bilden diese Lebensgemeinschaft zu ihrem Schutz und für die Fortpflanzung. Das Leben in der Gruppe erlaubt es dem einzelnen Pferd, von der Sicherheit in der Gruppe zu profitieren. Diese soziale Organisation beruht auf Regeln und Verhaltenscodes, die es ihnen erlaubt haben 50 Millionen Jahre zu überleben.

Für unsere Pferde gibt es nur drei große Grundbedürfnisse:

- Überleben
- Fressen
- Fortpflanzung

Die Struktur der Herde lässt es zu, dass diese Grundbedürfnisse im vollen Umfang befriedigt werden können.

Der Anführer der Herde ist die sogenannte **Leitstute**. Sie ist diejenige, welche für Disziplin in der Herde sorgt, entscheidet, wo gefressen wird und welche Stuten vom Hengst gedeckt werden. Sie unterrichtet die Jungtiere, toleriert annehmbares Verhalten und bestraft nicht annehmbares Verhalten.

Jedoch findet diese Führung der Leitstute in einer passiven Form statt. Man bezeichnet dies auch als „Passiv Leadership". Dazu später noch genaueres.

Die Kommunikation findet in Form einer **stillen Körpersprache** statt, einer Non-Verbalen Kommunikation. In der Wildbahn ist es besonders wichtig, dass die Verständigung still stattfinden kann, weil jedes Geräusch die ungewollte Aufmerksamkeit von Raubtieren auf sich ziehen würde. Die Leitstute diszipliniert jedes Herdenmitglied, das sich unkorrekt verhält. Dies kann bis zur Isolierung des Pferdes führen. Für ein Pferd ist das eine sehr wirksame Form des Disziplinierens, da die Isolation es den Raubtieren aussetzt.
Die Leitstute isoliert das andere Pferd, indem sie sich ihm in dominanter Körperhaltung zudreht und ihm in die Augen schaut. Sie jagt das Tier aus der Gruppe weg, bis dieses seine Position überdacht hat und um Erlaubnis bittet in die Herde zurückkehren zu dürfen. Wenn ihrer Meinung nach, die Verbannung lange genug gedauert hat und sie die Zeichen der Unterordnung beim ausgestoßenen Tier gesehen hat, wird sie ihm erlauben in die Herde zurückzukehren.
Dies geschieht, indem sie sich in einem 45° Winkel abdreht und ihre Flanke zeigt. Die Stelle an der das Fohlen die Milch finden würde, eine verletzliche Stelle. Sie wird dann ihre Augen nach unten und weg vom anderen Pferd wenden. Das ausgestoßene Pferd wird auf diese Einladung hin wieder in die Herde zurückkehren. Hier sehen wir schon die *Effektivität* einer **dominanten Körperhaltung** und die *Anziehungskraft* einer passiven Haltung. Die Zeichen, die das isolierte Pferd der Leitstute gibt, sind beinahe immer dieselben. Es sind kleine immer leicht näherkommende, weiche Bewegungen. Dabei senkt es immer wieder seinen Kopf und es beginnt zu Lecken und zu Kauen. Die Aufmerksamkeit ist dabei immer auf die Leitstute gerichtet. Die gesamte Körperhaltung ist passiv.

### Lecken und Kauen:

In der aktiven Kommunikation ist dies eine Unterwerfungs- und Beschwichtigungsgeste. Man kann es häufig beim Annähern an die Individualdistanz oder beim Fortschicken erkennen. Auch während der Zusammenarbeit mit dem Menschen in bestimmten Kontrollfunktionen ist es zu erkennen. Wenn es als Unterwerfungs- und Beschwichtigungsgeste zu deuten ist, sollte diese augenblicklich mit Ruhe und einer passiven Einstellung belohnt werden (das wäre dann die richtige Antwort des Menschen auf das Lecken und Kauen).

### Kopf senken:

Das Senken des Kopfes bei dieser Form der Zusammenarbeit gilt als deutliches Zeichen der „Entspannung". Diese Entspannung soll andeuten, dass sich das Pferd beim Menschen wohl und sicher fühlt. Dieses Zeichen wird sehr häufig falsch interpretiert und die Antworten des Menschen führen dadurch oft zu Missverständnissen und Irritation. Man

kann dies schon ganz oft auch beim Longieren oder bei der Bodenarbeit erkennen. Das Pferd über-windet mit dieser Kopfhaltung auch seinen Angst- oder Fluchtreflex und deshalb ist diese Geste in der gemeinsamen Kommunikation als äußerst wichtiges Zeichen anzusehen.

„Ein Pferd richtig zu lesen,
ist die Kunst eines erfolgreichen Pferdemenschen."

Martin Kreuzer

Dann gibt es in jeder Herde einen **Leithengst**.

Dieser Leithengst ist der sogenannte Besitzer der Herde. Er verteidigt seinen Besitz – die Herde – gegen Rivalen und auch gegen Raubtiere. Er sorgt für den Zusammenhalt der Herde und für das Wachstum der Herde (Fortpflanzung-Decksaison). Je nach Charaktertyp des Leithengstes richtet sich auch die Größe der Herde.

Es gibt Hengste mit nur 3-5 Stuten, aber man konnte sogar Hengste beobachten mit einer Herde von 40-50 Mitgliedern. Bei dieser Größenordnung konnte man sogar beobachten, dass sich andere Hengste mit ihrer Herde diesem Leithengst angeschlossen haben (außerhalb der Fortpflanzungszeit). Hierbei handelt es sich um Hengste mit ganz besonderen Eigenschaften. Diese Hengste gelten als *stolz, selbstsicher* und *zielorientiert.*

**Sie gewinnen, ohne kämpfen zu müssen.**

Der Ausdruck dieser Hengste ist unbeschreiblich. Sie wirken edel, kräftig und schön. Daher kommt wahrscheinlich auch der oft falsch verstandene Mythos Hengst. Wo Menschen sich unbedingt einbilden einen Hengst zu halten – obwohl sie dadurch seine Lebensumstände massiv einschränken (Haltung – Umgang). Der Umgang mit einem Hengst ist nur etwas für erfahrene Pferdemenschen und die Haltung muss gründlich überdacht sein.
Wir Menschen sprechen in einer Pferd-Mensch-Beziehung immer von der Position der Leitstute. Jedoch dürfen wir die Position des Leithengstes nicht ganz außer Acht lassen. Gründen wir eine Herde von zweien, so müssten wir eigentlich beide Funktionen für unsere Herde übernehmen. Die Position des Führens und der Verteidigung und die Position des Zusammenhaltes.

In der freien Wildbahn kommt es jedes Jahr zu Nachwuchs. Die weiblichen Herdenmitglieder bleiben meist in der Herde, die männlichen Mitglieder entfernen sich, sobald sie in der Geschlechtsreife sind. Zu diesem Zweck tun sich die Junghengste zusammen und bilden zum eigenen Schutz eine Junggesellenherde.

Jede Pferdeherde hat ihr eigenes Territorium, das sie immer und immer wieder durchwandert. Dabei bewegt sich die Herde ca. 15-20 Kilometer pro Tag (Hauptsächlich im Schritt) passiv angeführt von der Leitstute und aktiv beschützt vom Leithengst. Oft arbeiten beide aber auch zusammen und treffen gemeinsame Entscheidungen oder die Leitstute überlässt dem Leithengst mal eine Entscheidung ohne sich aktiv daran zu beteiligen.
Die soziale Struktur einer Pferdeherde ist für das Überleben des einzelnen von größter Bedeutung. Viele Herden bleiben oft über Jahre zusammen. Wichtig ist auch zu verstehen, dass jedes einzelne Mitglied eine Aufgabe hat innerhalb der Herde. Nur im Allgemeinen Zusammenhalt kann die Herde und somit auch das einzelne Mitglied überleben.

## Flucht

Pferde sind Beutetiere, deren erste Verteidigung in der Flucht besteht. Wann immer sie einem Raubtier begegnen wird ihre erste und sofortige Reaktion die Flucht sein. Pferde in der Wildbahn fliehen instinktiv etwa 600 Meter, wenn sie vor etwas erschrecken, dann sehen sie sich um und beurteilen die Situation neu.

Dieses instinktive Verhalten sorgt dafür, dass das Pferd einerseits über einen Fluchtreflex verfügt, andererseits sichert die Tendenz anzuhalten und die Lage neu zu beurteilen, dass es nicht lebensnotwendige Energie verbraucht, um unnötig zu fliehen (dies bezeichnet man auch als den Energiesparer). Wenn es sieht, dass durch Flucht nicht zu entkommen ist, wird es mit all seinen natürlichen Waffen kämpfen. Daher ist es wichtig, dass wir dem Pferd immer eine Bewegungsmöglichkeit geben, wenn wir es mit etwas konfrontieren, das es erschrecken könnte.

## Oppositionsreflex

### (sich in den Druck hinein bewegen)

Eine weitere ganz entscheidende Reaktion des Pferdes ist der **„Oppositionsreflex"**. Dieses Verhalten können wir bei den Pferden beobachten, wenn wir an ihre Flanke drücken. Sie werden sich instinktiv dagegen lehnen, anstatt auszuweichen. Dieses Verhalten ist für das wilde Pferd lebenswichtig. Wenn das Pferd die Krallen des Angreifers in seiner Flanke spürt, darf es nicht länger fliehen, sondern muss sich auf den Angreifer zu bewegen, um zu verhindern, dass weitere Wunden gerissen werden.

Wenn wir mit Pferden arbeiten ist es außerordentlich wichtig, diese natürliche Tendenz zu beachten. Zum Beispiel wird die natürliche Antwort des Pferdes auf den Druck des Gebisses oder des Schenkels sein, sich dagegen zu lehnen. Die Hilfen, die wir dem Pferd beizubringen versuchen, verlangen aber, dass es dem Druck weicht. Geduld und Konsequenz sind notwendig, um dem Pferd zu erlauben, auf unsere Hilfen entgegen seinen natürlichen Instinkten zu reagieren.
Aber es ist und bleibt eines der wichtigsten Prinzipien in der korrekten Zusammenarbeit mit dem Pferd. Es muss lernen wider seiner natürlichen Veranlagung dem Druck oder Zug zu *weichen* bzw. *nachzugeben*. Dies erfordert sehr viel Geschick und ein wirkliches gutes Zeitgefühl um hier Pferdegerecht ausbilden zu können.

Das Zeitgefühl, auch Timing genannt, das wir später noch genauer ansprechen, ist hier das Wichtigste. Jede noch so kleine, richtige Idee des Pferdes muss hierbei berücksichtigt und belohnt werden.

*Das Gefühl, das hinter der Technik* steckt, ist jetzt wohl das Wichtigste für Pferd und Mensch.

Wenn die richtigen Antworten des Pferdes übersehen werden oder zu spät erkannt werden, kann es in späterer Folge immer wieder zu einem sogenannten „Erst Oppositionsreflex" kommen. Dies bedeutet, bevor das Pferd weicht oder nachgibt, geht es ganz kurz, aber doch deutlich, gegen den Druck oder den Zug.

## Vorrücken und sich zurückziehen

Das instinktive Verhalten, das vorhergehend beschrieben wurde (sich in den Druck hinein bewegen) ist die Grundlage für das sogenannte „Vorrücken und sich zurückziehen"-Prinzip.

Dieses Prinzip wurde zuerst von den Indianern in Nordamerika benutzt, um wilde Pferde einzufangen. Sie trieben die Herde über ihre natürliche Fluchtdistanz hinaus vor sich her, dann drehten sie sich um und zogen sich zurück. Die wilden Pferde drehten sich instinktiv um und folgten den Indianern, welche sie in eine Schlucht mit einem Zaun an einem Ende führten und so die Herde einfangen konnten. (So heißt es in verschiedenen Überlieferungen).

Fakt ist, dass dieses Prinzip tatsächlich funktioniert. Treibst Du ein Pferd vor Dir her, über die normale Fluchtdistanz hinaus, wird es Dir folgen, wenn Du damit aufhörst und Dich zurückziehst. Dieses Prinzip benutzen ganz viele Ausbilder bei ihrer Arbeit im Round Pen (Longierzirkel) oder ähnlichem. Ich möchte hier aber auch ansprechen, dass solche Round Pen Übungen **erlernt** werden müssen.

Egal wie diese Übungen auch genannt werden, sie haben einen deutlichen Kommunikationsfaktor für das Pferd und der Mensch muss in allen Belangen richtig reagieren. Er muss das Gefühl für das richtige Treiben mitbringen und er muss gelernt haben, die Gesten eines Pferdes richtig deuten zu können. Treibt und reagiert der Mensch irgendwie, kommt es unweigerlich zu Missverständnissen, Konfrontationen bis hin zur Frustration (aus der Sicht des Pferdes).

Deswegen eine eindringliche Bitte an dieser Seite von mir persönlich:

> Wer solche Übungen machen möchte, sollte sich ein Profi suchen und sie zuerst dort erlernen, bevor er sich mit seinem Pferd in diese Übungen hineinbegibt.

Zum Wohle der richtigen Beziehung zum Pferd.

„Man kann nicht nicht kommunizieren."

## Energiesparer

Pferde sind Weidetiere. Um zu überleben, müssen sie einen großen Teil ihrer Zeit mit Fressen verbringen.
Das bedeutet auch, dass sie Energiesparer sein müssen. Ein Pferd, das in der Wildnis zu viel Energie und Zeit verbraucht, wird bald verhungern, weil das Ersetzen der verbrauchten Energie mehr Zeit brauchen würde, als vorhanden ist. Daher wird das Pferd immer versuchen den Weg des geringsten Widerstandes zu gehen, mit dem Ziel nur das unbedingt notwendige zu tun. Daher ist es unsere Aufgabe als Bezugsperson oder Ausbildner dafür zu sorgen, dass der Weg des geringsten Widerstandes, derjenige ist, von dem wir wollen, dass das Pferd ihn geht. Die Tatsache, dass Pferde Energiesparer sind bedeutet, dass sie Ruhe als Belohnung und Arbeit als Strafe (Strafe steht hier für Energieverbrauch durch Arbeit und kontrollierte Bewegung – nicht für Misshandlung oder ähnlichem) empfinden.

Dieses Prinzip hat sich im modernen Pferdtraining als *aussagekräftigste Form der Belohnung* herausgestellt. Mach das Erwünschte bequem und das Unerwünschte unbequem. Dieses Prinzip ist deswegen so erfolgreich, weil es ein angeborenes Verhalten (Instinkt) benutzt und nicht vom Pferd erlernt werden muss.

*Ruhe und Pause für das erwünschte Verhalten – Arbeit und Bewegung für das unerwünschte Verhalten.*

Arbeit steht hier wirklich für eine durch uns hervor gerufene kontrollierte Bewegung, **nicht für Stress**. Stress schiebt das Adrenalin hoch und dadurch leidet der Lerneffekt. Es sollte für das Pferd merkbar Arbeit sein, Bewegungen die durchaus anstrengend, aber niemals gefährdend für den Gesundheitszustand sind.
Deswegen ist auch ein hohes Maß an Pferdeverständnis und Können vom Menschen aus selbst gefragt.

## Aktionstiere

Pferde sind auch Aktionstiere, sie **handeln**.

**Sie planen nicht, sie verschwören sich nicht und sie betrügen und täuschen nicht. Dies können sie schlicht und einfach auf Grund ihrer Struktur im Gehirn nicht.**

Jedes Ereignis löst die Handlung aus, die im Augenblick angebracht erscheint, nicht die Handlung, die möglicherweise die beste für die Zukunft wäre. Wenn ein Ereignis dann erneut eintritt, das in der Vergangenheit nicht gut für das Pferd ausgegangen ist, wird es versuchen seine Reaktion zu verändern. Möglicherweise wird das Pferd seine Reaktion nicht sofort anpassen, aber es wird die Erfahrung als Referenz für die Zukunft abspeichern.
Dies ist wohl eine der wichtigsten Erkenntnisse der letzten Jahre. Viele Pferdebesitzer und Reiter sind immer noch der Meinung, das Pferd könne bestimmte Handlungen planen – dies aber lässt sein Zustand in dem dafür zuständigen Bereich des Gehirns *nachweislich* nicht zu.
Dies ist nur deswegen so weit verbreitet, weil der Mensch nur allzu gerne auch Tiere vermenschlicht – auch *Anthropomorphismus* genannt.
*Anthropomorphismus* bedeutet: Das Zusprechen menschlicher Eigenschaften auf Tiere, Götter, Naturgewalten oder ähnlichem.

Die menschlichen Eigenschaften können sich sowohl in der Gestalt als auch im Verhalten zeigen.

„Nimm das Pferd wie es wirklich ist,
nicht wie DU es gerne hättest."

Martin Kreuzer

# Assoziative Denker

## Das Denken in Bildern

Pferde sind assoziative Denker, im Gegensatz zu den Menschen, welche als lineare oder laterale Denker mit multidimensionaler Hirnfunktion angesehen werden. Temple Grandin hat ein Buch geschrieben „Thinking in Pictures", in welchem sie sich selbst als leicht autistisch beschreibt. Sie sagt, dass sie in *Bildern* denkt, so wie Tiere es tun. Sie sammeln ihre Gedanken nicht in der Art, wie wir es tun, weil sie keine geschriebene Sprache haben. Sie sammeln alles in einzelnen Bildern, wie in einer Diashow.
Das Pferd kann zum Beispiel eine weiße Plastiktüte auf dem Boden liegen sehen. Diese Tüte kann der Auslöser einer visuellen Erinnerung oder eines „Dias" sein, in welcher das Pferd von einer weißen Plastiktüte erschreckt wurde. Daher wird das Pferd, als assoziativer Denker, sich wieder fürchten.

Wenn Sie verstehen, wie ein Pferd Informationen sammelt und speichert, ist es einfach zu erkennen, wie es frühere Informationen als Referenz mit aktuellen Ereignissen verknüpft. Sie müssen also die Information, dass die Plastiktüte gefährlich ist, dadurch löschen, dass Sie dem Pferd neue Erinnerungen oder neue „Dias" geben, in denen die Plastiktüte ein ungefährliches und berechenbares Objekt ist.
Pferde denken also wie in Bildern (Dia). Sie speichern alle Informationen sozusagen wie auf einer Festplatte ab. Diese fungiert dann wie eine Verwaltungszentrale für alle Erfahrungen, die das Pferd macht. Jede Information bekommt ein eigenes Bild. Wenn das Pferd wieder in eine ähnliche Information (Referenz) kommt, welche es schon einmal erlebt und abgespeichert hat, ruft es dieses Bild nochmals auf um kein neues speichern zu müssen (auch hier gilt: der Weg des geringsten Widerstandes).
Auch beginnt das Pferd nun, mit den gespeicherten Informationen zu arbeiten. Selbst wenn es nun in ähnliche Situationen kommt wie in ein bereits gespeichertes Bild, kann es nun diese Referenzen verknüpfen und das bereits bestehende Bild aufrufen. So kann zum Beispiel, eine weiße Plastiktüte dann genauso gefährlich sein, wie ein weißer Siloballen oder eine weiße wehende Vorhand oder Ähnliches.
Je gefährlicher das Pferd eine Situation eingestuft hat, desto umfangreicher wird das Prinzip der verknüpften Referenzen. Deswegen kann aus einer anfänglichen Kleinigkeit, schnell etwas Großes und Bedrohliches werden.

Da das Pferd nach dem Elefanten das größte Erinnerungsvermögen der Tierwelt besitzt, werden keine Informationen gelöscht. Alle Erfahrungen bleiben unwiderruflich auf der sogenannten Festplatte gespeichert. Die einzige Möglichkeit unerwünschte Informationen verschwinden zu lassen, ist, andere neue Informationen zu schaffen. Diese neuen Informationen müssen dann für das Pferd wichtiger sein als die alten Informationen, damit es in Zukunft auf diese neuen Referenzen zugreift und nicht auf die unerwünschten alten.

> „Ein Pferd vergisst nichts, aber es kann alles vergeben."
>
> Martin Kreuzer

**Beispiel: Verladeproblem**

Das Pferd hat beim Verladen schlechte Informationen gesammelt und möchte deswegen in Zukunft keinen Pferdetransporter mehr betreten. Diese Information wurde aufgenommen und abgespeichert. Und da es bei dieser Problematik wahrscheinlich auch noch zu Stress kam, wird diese Information als äußerst wichtig (gefährlich) eingestuft. Somit wird es immer wieder bei den nächsten Verladeversuchen zu Problemen kommen – es geht gar nicht anders. Die gespeicherten Informationsbilder lassen keine andere Handlung vom Pferd zu.

Die einzige Möglichkeit ist jetzt, neue und wichtigere Informationen für diese Referenz zu schaffen. Und dies gelingt nur mit dem vorher bereits beschriebenen Prinzip des Energiesparers. Ruhe gegen Arbeit – Arbeit gegen Ruhe. Weil dies eben ein angeborenes Verhalten ist, also ein instinktives Verhalten, das nicht erst noch erlernt werden muss. Und weil es für das Pferd ein wichtiges Prinzip ist, Energie nicht unnötig zu verschwenden.

Wenn wir dem Pferd also zeigen, dass es vor dem Hänger unkomfortabel ist (dort wo es stehen bleibt oder sich gar abwenden möchte) und immer, wenn es nur Richtung Pferdehänger „denkt", komfortabel wird, wird das Pferd sehr schnell umdenken und verstehen, dass der Pferdetransporter etwas *Positives* ist und diese neuen Bilder abspeichern. Dadurch wird der Pferdetransporter zu einer sogenannten Komfortzone, wo das Pferd sogar gerne sein möchte. Das Pferd kann niemals die komplexen Zusammenhänge in der enormen Bandbreite unseres Handelns und Denkens nachvollziehen. Daher ist es unsere Pflicht, diese breite Intelligenz beiseite zu schieben, wenn wir versuchen unser Pferd zu verstehen. Wir müssen unser Denken vereinfachen auf eine enge Bandbreite von Aktionen und Reaktionen. Wenn Du Dich selbst darauf trainie-

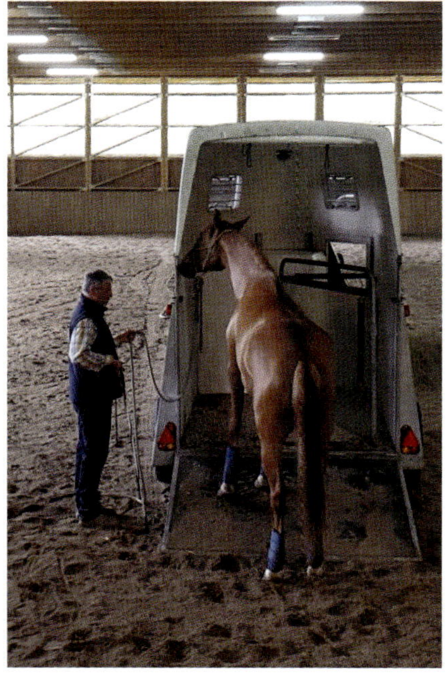

ren kannst, dem assoziativen Weg des Denkens zu folgen, kannst Du dem Pferd auf seiner eigenen Stufe begegnen und seine Handlungen nachvollziehen. Der Versuch das Pferd zu linearem Denken zu bringen, wird dieses üblicherweise nur verwirren und die Erfolgsaussichten verringern.

## Ablenkung

Pferde haben auch eine andere Wahrnehmung der Umgebung als wir Menschen. Das Pferd ist gegenüber seiner Umgebung **aufmerksam**. Kinder sind erkennbar leicht abzulenken. Stellen wir uns ein Kind vor, das während es dem Lehrer zuhört, leicht durch Dinge abgelenkt werden kann, die draußen vor sich gehen, die Farbe der Krawatte des Lehrers registriert oder das Geräusch, wenn jemand durch den Korridor geht.
Kinder werden häufiger diese Form der Aufmerksamkeit zeigen, als Erwachsene. Das Kind ist sich vieler Dinge bewusst, die gleichzeitig geschehen. Es hat eine Form der Konzentration, die keinen Teil seiner Umwelt ausschließt. Wenn das Kind älter wird, wird es jedoch darauf trainiert, sich nur auf eine Sache zu konzentrieren.

Für das Beutetier Pferd ist diese Ablenkung oder diese Art der Konzentration *überlebenswichtig*. Sie stellt sicher, dass sie jeden Aspekt ihrer Umgebung wahrnehmen. Dies nicht zu tun, könnte bedeuten, dass es ein sich anschleichendes Raubtier nicht bemerkt. Zum Beispiel wird das Pferd Dich natürlich beobachten, wenn Du mit einem Ballen Heu zu ihm kommst, es wird aber gleichzeitig die Plastiktüte sehen, die über den Hof geblasen wird.

## Das Gehirn

Das Gehirn des Pferdes ist dem des Menschen in vielen Dingen ähnlich, in anderer Hinsicht gibt es auch große Unterschiede. Das **limbische** System, die Region des Gehirns, von der man annimmt, dass sie für die Gefühle verantwortlich ist, ist beim Pferd im Verhältnis zur Körpergröße gleich groß wie beim Menschen. Grundsätzlich könnte das bedeuten, dass das Pferd die gleiche Kapazität hat Gefühle (Emotionen) zu empfinden, wie wir.
Zu den Emotionen gehören zum Beispiel Wahrnehmungen wie *Ärger, Wut, Angst, Komik, Eifersucht, Mitleid, Freude* und *Trauer*.
Der **Neocortex**, der Hirnteil, welcher für das logische Denken, die Vorstellungsgabe und das Planen verantwortlich ist, ist beim Pferd jedoch viel kleiner. Was bedeutet, wie schon angesprochen, dass Pferde nicht in der Lage sind zu planen, lügen oder ähnlichem. Dazu fehlt ihnen einfach die notwendige Größe des Neocortex.
Während das **Kleinhirn** (Zerebellum – Cerebellum), verantwortlich für Gleichgewicht, Bewegung, viel größer ist (neueste Erkenntnisse sagen beinahe 6-8mal größer als bei uns Menschen). Was natürlich für das Fluchttier Pferd von größter Bedeutung ist, da es bei einer etwaigen notwendigen Flucht auf keinen Fall stolpern oder gar stürzen darf. Was zur Folge hat, dass ein Pferd, wenn es sich mit einem Reiter in einer Fluchtsituation befindet (z.B. durchgeht), meistens erst stehen bleibt, wenn es den Reiter verloren hat. Da ab diesem Zeitpunkt niemand mehr das hohe und sensible Gleichgewicht in der Bewegung stört.

Der Informationsfluss von einer Hirnhälfte zur anderen ist beim Pferd viel geringer als beim Menschen, es gelangen nur ca. 15-20% der Information von einer Seite zur anderen. Und auch nur dann, wenn das Pferd die Informationen für wichtig hält.
Daher ist es bei jedem Training eines Pferdes oder bei der Desensibilisierung so wichtig, dieses auf **beiden Seiten** des Pferdes durchzuführen. Was bedeutet, dass man alles, was man tut, am besten von beiden Seiten gleichermaßen durchführt (Führen, Auf- und Absteigen, das Heranführen an Herausforderungen, usw.) Es erklärt auch, warum Pferde üblicherweise auf der rechten Seite empfindlicher und ängstlicher sind. Das meiste Training erfolgt in unseren Breitengraden von der linken Seite und nur wenige Erfahrungen von dieser Seite werden auf die andere transferiert.

Pferde haben ein ausgezeichnetes Gedächtnis. Wie schon besprochen, wird dieses Gedächtnis in einer assoziativen Art gebildet, jede Erfahrung ist als Bild oder „Diashow" gespeichert. Wenn wir mit einem Pferd arbeiten, ist es wichtig daran zu denken, dass sein Verhalten durch Jahre alte Erinnerungen beeinflusst werden kann. Es ist auch wichtig

Das ist auch der Grund, warum im Pferdetraining sehr häufig vom zusammenführen beider Gehirnhälften gesprochen wird. Je mehr das Pferd beide Gehirnhälften zusammen verwendet, desto mehr Energie verbraucht es und umso weniger Fluchtmotivation entsteht. Deswegen sollten viele Lektionen und Manöver am Boden und unter dem Sattel durchgeführt werden, die das Zusammenführen der beiden Gehirnhälften fördern. Nachweislich führt dies zu einer Reduzierung des Fluchtreflexes und fördert Aufmerksamkeit und Mitarbeit.

Der Mensch hingegen ist ein Raubtier und benötigt ein gutes frontales Sehvermögen, um **fokussieren** und die genaue Distanz zum Beutetier erkennen zu können. Daher sind bei uns die Augen nach vorne ausgerichtet, was zu einer starken Verschmälerung des Gesichtsfeldes führt, dafür ist aber nahezu unser gesamtes Sehen binokular.

## Die akustische Wahrnehmung – Das Hören

Die Mobilität jedes Ohres beträgt 180 Grad.
Da beide Ohren sich auf ganz unterschiedliche Schallquellen im Raum ausrichten können, ist es ein binokulares Hören. Dies bedeutet, Pferde können aus den verschiedensten Richtungen gleichzeitig Geräusche und Laute wahrnehmen.
Die Hörfrequenz beim Pferd liegt zwischen 14 Hz und 38 kHz. Bei uns Menschen 20 Hz und 20 kHz.
Laut neuesten Untersuchungen geht man davon aus, dass Pferde im Infraschallbereich (< 16 Hz) und Ultraschallbereich (> 20 kHz) hören können.
Das wiederum bedeutet, dass Pferde den Herzschlag eines anderen Lebewesens unter bestimmten akustischen Umfeldbedingungen in der Nahdistanz hören können. Dies ist auch eine Erklärung für die Stimmungs- übertragung bei gleichzeitiger Erregung und Steigerung der Herzschlagfrequenz von Artgenossen und auch Menschen.
Vereinfacht ausgedrückt nehmen Pferde den Herzschlag von uns Menschen im Nahdistanzbereich wahr.

Es gibt bei Pferden aber auch noch eine vibratorische Wahrnehmung über die Hufe und Tasthaare. Hierzu liegen aber noch keine wissenschaftlichen Untersuchungen und Ergebnisse vor.

## Die Synchronisation

Mit alldem verbunden ist auch die Synchronisation unter den Pferden.
Pferde sind Synchronisationstiere, hebt eines den Kopf, machen es die anderen Herdenmitglieder auch. Senkt eines wieder den Kopf, senken die anderen Herdenmitglieder ebenfalls die Köpfe. Dies gilt für alle Bereiche des Pferdes, läuft eines erschrocken los, tun es andere ebenfalls.
Diese Synchronisation hilft den Pferden untereinander zusammenzubleiben (in der freien Wildbahn). Es ist beinahe schon eine kleine Automatisierung, obwohl dies wissenschaftlich noch nicht belegt ist. Die Praxis allerdings zeigt es immer wieder deutlich.
Die Synchronisation ist eng verbunden mit der natürlichen Kraft des Fokus. Die Ausrichtung von einem Artgenossen in eine z.B. bestimmte Richtung veranlasst andere Artgenossen dies ebenfalls zu tun. Dies kann von einer Blickrichtung hin bis zu einer Fortbewegung gehen.
Diese natürliche Kraft des Fokus ist wirklich eine Kraft. Diese Kraft wirkt auch artübergreifend und hat einen enorm hohen Stellenwert in der Pferd-Mensch-Beziehung.

## Das Zeitgefühl – Das Timing

### Eine der wichtigsten Regeln des Lernens

Unsere Pferde sind mit einem Fluchtreflex ausgestattet. Aber was genau ist überhaupt ein Reflex?
**Reflex:** Ein Reflex ist eine unwillkürliche, rasche und gleichartige Reaktion eines Organismus auf einen bestimmten Reiz. Reflexe werden neuronal vermittelt. Was zur Folge hat, dass der Reflex unmittelbar auf den bestimmten Reiz folgt – ohne jegliche Verzögerung.

Dies ist auch die Erklärung für das unfassbar schnelle Zeitgefühl eines Pferdes. Die sogenannte Reaktionszeit eines Pferdes beträgt **0,3 bis 0,8 Sekunden**. Diese Zeitspanne zwischen einer Reaktion und der daraus resultierenden Konsequenz, ist die Zeitspanne, die es dem Pferd erlaubt die Konsequenz mit der Reaktion zu assoziieren.
Beim Lernen bedeutet dies, dass auf die gewünschte Reaktion *unmittelbar* die Belohnung erfolgen muss. Was wiederum zur Folge hat, dass die Bezugsperson, die dem Pferd etwas beibringen möchte, keine Zeit zur Verfügung hat um nachzudenken, ob die Reaktion des Pferdes richtig oder falsch war. Sobald die Bezugsperson darüber nachdenkt, verstreicht für das Pferd zu viel Zeit, um die Reaktion noch mit der Anforderung in Verbindung zu bringen.

Dies ist auch der Grund für viele Missverständnisse in der Kommunikation zwischen Menschen und Pferd. Das Pferd bringt eine bestimmte Reaktion auf eine Anforderung und bekommt zu spät die korrekte Antwort von der Bezugsperson – und schon wird die Antwort mit einer anderen Handlung oder Reaktion verbunden.
Genau aus diesem Grund haben wir Pferde, die auf eine gleiche Anforderung hin unterschiedliche Antworten bringen. Daraus entstehen Aussagen wie „manchmal macht er es und manchmal nicht" oder „aber das kann sie doch" oder „zu Hause macht er das nie" und dergleichen mehr.

Für den Menschen ist es sehr schwer, sich diese optimale Zeitspanne vorzustellen, aber dennoch ist es für den Menschen möglich, sich dieser Zeitspanne anzunähern. Der Mensch muss lernen über seine Reaktionen nicht mehr nachdenken zu müssen. Sobald der Prozess des Nachdenkens eliminiert ist, kann die Reaktion unmittelbar erfolgen. Dies kann nur geschehen durch eine Vielzahl an immer gleichen Wiederholungen. Die Betonung muss dabei auf „immer gleich" liegen. Wenn etwas immer und immer wieder gleich wiederholt wird, kommt es zu einer reflexartig gesteuerten Reaktion. Damit begibt sich der Mensch auf dieselbe Reaktionsebene, wie das Pferd. Und ab diesem Zeitpunkt können beide optimal lernen und zusammenarbeiten.

## Die richtige Umgebung – Das Umfeld

Die richtige Umgebung für das gemeinsame Training zu schaffen, ist sehr wichtig. Je nachdem was gerade trainiert werden soll – muss die Umgebung angepasst sein. Geben Sie Ihrem Pferd die größtmögliche Chance erfolgreich zu sein. Die richtige Umgebung beinhaltet viele verschiedene Gesichtspunkte.

Natürlich beschreibt es das Trainingsgelände, stellen Sie sicher, dass es sicher eingezäunt ist und dass der Bodenbelag gut ist. Dies ist auch aus medizinischer Sicht ein ganz wichtiger Punkt. Der Bodenbelag darf nicht zu tief, zu weich, zu hart, usw., sein. Ist dies der Fall, kann unser Pferd Schäden an Sehnen, Bänder, Knochen und dergleichen mehr bekommen.

Es beschreibt auch die Ausrüstung. Sie muss gut passen und sicher sein.

**Es beinhaltet auch Erwägungen, wie Deine innere Haltung und die Zeit, die zur Verfügung steht, um eine Aufgabe zu erfüllen.**

Ein wichtiger Grundsatz in Bezug auf Deine innere Haltung lautet: **„Lass Deine Probleme zu Hause"**. Das Pferd wird zu Dir als Führungsperson kommen, weil es einen Wert erkennt indem, was Du tust und weil es Dich versteht. Deshalb schuldest Du es Deinem Pferd, immer konzentriert und mit einer positiven Einstellung mit ihm zu arbeiten. Wenn Du es zulässt, dass Nebensächlichkeiten Deine Arbeit beeinflussen, verwirrst und störst Du Dein Pferd. Wir müssen uns daran erinnern, dass das Pferd uns nach unseren Handlungen beurteilt und nicht danach, wer oder was wir sind.
Irrationale Ungeduld und Missbrauch/Misshandlung können die Partnerschaft zerstören, unabhängig von Deinem früheren Status als Führungsperson. Es gibt viele Dinge, die zu beachten sind, wenn man mit Pferden arbeitet und alle sollten überprüft werden, bevor man anfängt.

Die innere Haltung ist die Einstellung zu einer bestimmten Tätigkeit. Wie denkst Du über dass was Du tust? Bist Du in vollem Umfang bei Deinem Pferd? Kannst Du ein Vorbild sein?
Das Pferd muss erkennen können, dass Du mit voller Aufmerksamkeit dabei bist und Du Dich voll und ganz dem jetzigen Thema widmest. Nur dann kann Dein Pferd dies auch tun. Wenn Deine Gedanken ständig abschweifen verlierst Du auch Dein Timing und Du wirst ungerecht. Je konzentrierter und fokussierter Du in die gemeinsame Tätigkeit hinein gehst, desto erfolgreicher wird Euer gemeinsames Training sein.

Beim Umfeld und der Umgebung ist es auch wichtig – je nach Trainingsinhalt – darauf zu achten das störende Einflüsse von außen eliminiert werden. Je sensibler der Trainingsinhalt ist, desto wichtiger wird dies.

Genauso wichtig ist die Sicherheit. Die Sicherheit für Dich selber und die Sicherheit für Dein Pferd. Sorge immer für einen optimalen Sicherheitszustand für Euch beide. Nichts ist schlimmer als wenn sich Dein Pferd beim Lernen verletzt. Bedenke: es lernt und speichert alles in Bildern.

Überdenke die Ausrüstung Deines Pferdes. Sind Gamaschen oder Bandagen als Beinschutz wichtig? Kann sich das Pferd sonst irgendwo verletzen wie an Zäunen, herum liegenden Elementen usw.?

Denke auch an Deine Ausrüstung. Hast Du das richtige Schuhmaterial an? Sind eventuell Handschuhe notwendig?

Die Sicherheit in allen Belangen gewährt Dir ein optimales Lernen und ein optimales Training.

## Langsam ist schnell

Es ist zwingend zu beachten, dass Pferde keinen Sinn für Zeit haben. Sie haben keine Verabredung um 14 Uhr. Zeit ist für sie eine ganze Lebenszeit, nicht ein Tag, Monat oder ein Jahr. Sie verstehen nicht, dass Du spät dran bist fürs Turnier, und dass Du es schon vor einer Stunde hättest verladen müssen und längst unterwegs sein solltest. Aber wenn wir schnell irgendwohin sollen, benehmen wir uns, als ob das Pferd verstehen sollte, dass wir spät dran sind. Pferde beeilen sich nicht nach Hause zu kommen, weil sie auf die Uhr geschaut haben, sondern weil sie sich aufs Essen und die Ruhe freuen.

**„Wenn Du Dir 15 Minuten gibst, um mit dem Pferd zu arbeiten,
wird es wahrscheinlich den ganzen Tag dauern.
Andererseits, wenn Du Dir den ganzen Tag gibst,
wird es voraussichtlich 15 Minuten dauern".**

Denk immer daran: **Ein Zeitlimit ist der schlimmste Feind des Pferdes**. Dieses Konzept gilt auch für den Erfolg innerhalb einer Trainingseinheit. Es gibt kein Limit für die Zeit, die Du brauchst, um mit Deinem Pferd zu arbeiten.

„Ich kann wohl als Ausbilder den Reitern alles beibringen.
Das Gefühl, das Einfühlungsvermögen, muss er selbst entwickeln.
Dabei ist er, genau wie das Pferd, Empfänger
und Sender zugleich. Somit geben mir die
Regungen des Pferdes die Hilfen vor.

Wer sich dabei nicht an der Natur orientiert,
macht einen Fehler."

Egon von Neindorff

# Den Fisch höher halten

## Schritt für Schritt dem Finalen Ziel näherkommen

Wenn wir ein Ziel vor Augen haben, so ist es für einen positiven Lernfaktor des Pferdes wichtig, dieses Ziel in mehreren kleineren Schritten zu unterteilen. Damit ist gewährleistet, dass unser Pferd und auch wir nichts übersehen auf dem Weg zum Ziel und wir können dadurch, alles was wichtig ist, für das Ziel festigen.
Auch könnten wir in vielen Fällen unser Pferd überfordern, wenn wir nicht in kleinen Schritten denken. Dadurch könnte das aufgebaute Vertrauen sehr schnell wieder in Frage gestellt werden.

Hier hilft uns die Arbeit mit den kleinen Schritten, um das Leistungsbewusstsein beständig anzuheben. Pferde haben von Natur aus kein wirkliches Leistungsbewusstsein. Wozu auch? Die eigentliche Aufgabe lautet „Überleben – Fressen – Fortpflanzen".

Sobald wir aber etwas vom Pferd verlangen, wird es zu einer Leistung, in welcher Form auch immer: Für uns auf einen Kreis gehen – rückwärts treten – sich zu biegen und mehr...
Ein gutes Beispiel dafür kommt aus einem anderen Tiertraining: Der Ausspruch „den Fisch höher halten" wurde aus dem Delphin-Training übernommen. Um dem Delphin beizubringen zu springen, wird ein Fisch über das Wasser gehalten. Jedes Mal, wenn der Sprung dem Delphin gelingt und er hoch genug gesprungen ist, um den Fisch zu erwischen, hält der Trainer den nächsten Fisch höher, damit der Delphin höher springen muss, bis er die gewünschte Höhe erreicht hat. Mit der Zeit lernt der Delphin die gewünschte Höhe zu springen und nur ab und zu einen Fisch zu erhalten.
Wenn der Trainer den Fisch nie höher gehalten hätte, wäre der Delphin immer nur die niedrigste Höhe gesprungen.

Das Gleiche gilt bei den Pferden, **wir müssen von ihnen jedes Mal ein wenig mehr verlangen,** wenn sie eine Aufgabe geschafft haben, bis wir fühlen, dass sie die von uns gewünschten Leistungsstufen erreicht haben.
Zum Beispiel kann es klug sein, am dritten Tag des Anreitens eines Pferdes die Satteldecke und den Sattel zusammen aufs Pferd zu legen. Während man am vierten Tag versuchen könnte, das Pferd hineinzuführen und direkt zu satteln. Auf diese Art wird der Fisch in Schritten höher gehalten, wir verlangen immer etwas mehr vom Pferd und stellen dadurch sicher, dass es sich nicht langweilt, und dass wir unser Training bis zum gewünschten Ziel bringen können.

Aber es ist auch wichtig, kompromissbereit zu sein, dies ist eine **unverzichtbare Fähigkeit** in diesem Prozess. Wenn Dein Pferd Dir sagt, dass Du den Fisch zu schnell zu hochgehalten hast, fürchte Dich nicht, zurückzugehen um weiterzukommen. Wenn das Pferd plötzlich auf eine Veränderung im Trainingsablauf ungewollt reagiert, gehe zurück zur vorherigen Stufe und teile den Prozess in kleine Schritte auf. Erlaube dem Pferd, das Tempo zu bestimmen, aber stelle sicher, dass Du immer ein nächstes Ziel setzt. **Lass Dich nicht jedes Mal vom Pferd „bequatschen" mit weniger zufrieden zu sein.**

## Die Wichtigkeit der Konsequenz

### Konsequenz kann dein bester Freund sein – Inkonsequenz aber dein größter Feind

Im Umgang mit dem Pferd muss man die Wichtigkeit der Konsequenz unbedingt hervorheben. Bedenkt man nur, dass ein Pferd in Bildern denkt, spielt es dort wohl die größte Rolle. Nur wenn es für eine Anforderung immer und immer wieder das Gleiche sieht oder bekommt, kann es darauf richtig reagieren. Und nur dann.

Wie soll unser Pferd erahnen können was wir von ihm wollen?

Dazu ist es einfach nicht in der Lage. Denken wir zurück an seine Möglichkeiten in Bezug auf Logisches Denken – dazu ist unser Pferd nicht in der Lage.
Wir wollen, dass das Pferd erkennt, wenn es etwas richtig gemacht hat. Das positive Belohnungssystem wird ein positives Schema schaffen. Allerdings kann das nur erreicht werden, wenn jeder Aspekt des Verhaltens der Bezugsperson dieselbe Botschaft vermittelt. Vorhersehbare und einheitliche Bewegungen werden das Pferd überzeugen, dass Du solide und vertrauenswürdig bist. Unvorhersehbare und uneinheitliche Bewegungen werden den gegenteiligen Effekt haben und zu Misstrauen und Unentschlossenheit des Pferdes führen.
Wir müssen mit einem klaren JA oder NEIN arbeiten. Alles andere kann unser Pferd nicht definieren. Für Pferde gibt es keine Graustufen, kein eventuell, kein vielleicht oder ähnliches.

Was natürlich den Menschen selber vor eine große Herausforderung stellt. Der Mensch hat nicht immer dieselbe Stimmung, manchmal kann er Entschlossenheit leben und manchmal einfach nicht. Diese Gemütsschwankungen veranlassen den Menschen dazu, inkonsequent zu werden.
In solch einem Fall muss nun das Pferd anfangen zu raten, darf es dieses nun tun oder nicht. Wenn einmal gesagt wird NEIN und einmal JA zum selben Aspekt, wird das Pferd von selber es einmal richtig tun und eben einmal nicht. Es hat dann ja auch verschiedene Bilder für einen bestimmten Aspekt. Woher soll es nun wissen, welche Antwort richtig ist, wenn es durch die Inkonsequenz des Menschen mehrere Antworten zur Verfügung gestellt bekommen hat?

Sich selber zu schulen auf die Konsequenz hin, ist hier die wohl wichtigste Aufgabe des Menschen.

## Adrenalin rauf – Lernen runter
## Adrenalin runter – Lernen rauf

Wenn der Adrenalinspiegel steigt, ist die Fähigkeit Information zu speichern und zu lernen, reduziert. Es ist unsere Pflicht als Pferdebesitzer, Reiter oder Trainer, den Adrenalinspiegel immer tief zu halten.

Wenn das Überleben in Gefahr ist, kann sich niemand auf ein Lernen konzentrieren.

Unsere Pferde sind von Natur aus Beutetiere. Sie werden in der freien Wildbahn von Raubtieren gejagt um gefressen zu werden – das bedeutet zu sterben.
Unsere domestizierten Pferde haben dieses instinktive Verhalten immer noch – ohne Wenn und Aber.
Kommen wir also mit unserem Pferd in eine Situation wo der Adrenalinspiegel des Pferdes steigt, müssen wir uns im Klaren sein, das jetzt ein weiteres Lernen nicht möglich ist. Versuchen wir trotzdem am weiteren Lernen festzuhalten, kann es durchaus sehr schnell zu einer Fluchtreaktion kommen. Unsere Aufgabe ist es nun den Adrenalinspiegel wieder zu senken.
Als Erstes sind nun wir gefragt. Wie verhalten wir uns, wenn das Adrenalin meines Pferdes steigt. Können wir unseren eigenen Adrenalinspiegel tief halten? Unser Pferd wird sich als Erstes an uns orientieren – denn wir sind ja der Anführer dieser Herde.
Steigt unser Adrenalinspiegel ebenfalls, bestätigen wir das Verhalten unseres Pferdes und die Flucht kann losgehen. Bleibt unser Adrenalinspiegel tief, zeigen wir unserem Pferd, das die Situation unter Kontrolle ist.

Generell bedeutet dies, dass wir als Bezugsperson eine Vorbildfunktion haben und unser Pferd sich in erster Linie danach richten wird. Wir müssen lernen Situationen richtig einschätzen zu können und für Sicherheit sorgen. Wenn wir hier versagen, versagen wir als Anführer der Herde und schon bald werden wir nicht mehr als dieser angesehen.

## Das Beenden an einem positiven Punkt

Es ist unerlässlich mit dem Pferd zu arbeiten, bis das Pferd einen positiven Schritt in Richtung auf das gewünschte Ziel gemacht hat. An diesem Punkt solltest Du die Übung beenden und mit Ruhe und Entspannung belohnen. Das Pferd erinnert sich an diesen Moment, der zur Erleichterung führte und wird bereit und willig sein diesen Schritt wieder zu tun, wenn Du es das nächste Mal verlangst.

Niemals sollten wir aus einer gemeinsamen Trainingseinheit negativ rausgehen. Unser Pferd wird sich dies ebenfalls merken und immer schneller negativ darauf reagieren.

Beende also jede Tätigkeit, nicht nur ein bestimmtes Training, sondern einfach alles was Du mit Deinem Pferd machst, positiv. Somit bekommst Du immer die gewünschten Bilder und Dein Pferd wird immer diese positiven Bilder/Ereignisse suchen.

Du bekommst dadurch ein ganz anderes Miteinander, eine andere Form der guten Zusammenarbeit. Dein Pferd wird versuchen Dir immer mehr gefallen zu wollen, weil es wieder zu diesem positiven Punkt kommen möchte.

„Damit machst Du Deine Idee zur Idee Deines Pferdes"

(sagte schon Ray Hunt)

## Verhalten belohnen und verstärken

### Positive und negative Verstärkung

Die meisten konventionellen Pferdeausbildungsmethoden beruhen auf negativer Verstärkung. Unsere Methode unterscheidet sich dadurch, dass sie die Bedeutung des Positiven betont. Einfach ausgedrückt bedeutet negative Verstärkung, etwas Unangenehmes oder Unbequemes als Belohnung zu entfernen. Zum Beispiel, wenn wir wollen, dass das Pferd rückwärtsgeht, üben wir Druck aus (Mental oder Physisch). Die instinktive, natürliche Antwort des Pferdes ist es, in den Druck hineinzugehen – wir ermöglichen dem Pferd „aus dem Druck zu kommen" oder dem Druck zu weichen, indem wir den Druck sanft aber bestimmt erhöhen bis das Pferd nur eine kleine richtige Idee hat, um dann augenblicklich den Druck wegzunehmen. Diese Idee kann sein, dass sich das Ohr in die richtige Richtung bewegt oder dass sich das Gewicht des Pferdes leicht nach hinten verlagert. Wenn das Pferd die gewünschte Handlung ausführt, in diesem Fall rückwärtsgehen, wird der Druck sofort entfernt.
Damit speichern wir das Wegnehmen des Druckes als Belohnung ab für das erwünschte Verhalten. Das Pferd wird im Weiteren versuchen, immer wieder dort hinzukommen, wo der Druck entfernt wurde und es wird immer schneller in die richtige Richtung reagieren. Dieser Lernprozess ist von enormer Bedeutung, da unsere Pferde mit dem instinktiven System des „in den Druck hinein Gehens" ausgestattet sind (wie schon vorher angesprochen).
Das Wegnehmen des Druckes (in welcher Form auch immer der Druck an das Pferd gebracht wird) ist die Belohnung für das erwünschte Verhalten.
Nicht vergessen: Der Druck muss augenblicklich weggenommen werden (Timing) – damit das Pferd das richtige Bild abspeichern kann.

**Bei der positiven Verstärkung folgt unmittelbar auf die gewünschte Handlung eine angenehme oder wohltuende Belohnung. Das Loben mit der Hand oder mit dem Bodenarbeitsstick (als Verlängerung der Hand oder des Armes bei der Bodenarbeit) oder auch das Loben mit der Stimme (wenn es gewünscht ist).**
Auch hier spielt das Timing die größte und wichtigste Rolle, das Lob muss unmittelbar erfolgen, damit für das Pferd auch das „Richtige" belohnt wird.

## Belohnungen

Bei der Arbeit mit dem Pferd ist es wichtig daran zu denken, dass das Pferd ein Pflanzenfresser und kein Raubtier ist. Wenn das Raubtier hungrig ist, muss es eine Beute suchen und sie dann töten, meist nach einiger Anstrengung. Die Beute ist daher eine Trophäe. Aber es ist noch nie ein Grashalm vor einem Pferd davongerannt, daher empfindet das Pferd Futter nicht als Belohnung. Dem Pferd „Leckerli" als Belohnung zu geben, wird nicht empfohlen. Es wird wahrscheinlich das gewünschte Verhalten nicht verstärken und es besteht das Risiko, ein suchendes, beißendes und schnappendes Pferd zu schaffen.

**Für den Energiesparer Pferd ist Ruhe eine der größten Belohnungen.**

Wenn das Pferd etwas richtig gemacht hat, erlaube ihm stehenzubleiben und sich auszuruhen oder beende die Übung.
Für uns Menschen ist es schwer nachzuvollziehen, dass „Nichtstun" eine Belohnung sein kann. Denn im Grunde denken und handeln wir wie ein Raubtier, nicht wie ein Beutetier. Doch für das Beutetier, das damit überlebt, immer genügend Energie für eine etwaige Flucht zur Verfügung zu haben – ist es das Wichtigste.
Anzumerken gilt es hier, dass wir von einem Pferd ausgehen, dessen Energiehaushalt dem „normalen Standard" des Pferdes entspricht. Das bedeutet eine der Leistung angepasste Fütterung (keine überdurchschnittliche Energiezufuhr) und eine kontinuierliche kontrollierte Arbeitsbewegung durch uns, plus freier Bewegung auf der Weide oder Koppel. In unseren Breitengraden haben wir leider eine zu starke Überfütterung im Verhältnis zur erbrachten oder erwünschten Leistung. Das Kraft- oder Krippenfutter sollte der entsprechenden Leistung angepasst sein.

Eine andere Form der Belohnung, die von den meisten Pferden verstanden wird, ist das Streicheln. Pferde in der Herde pflegen sich gegenseitig, um Parasiten oder Schmutz zu entfernen und um Freundschaften zu verstärken. Daher wird das Reiben bestimmter Körperareale (Widerrist oder Brust) das Pferd entspannen und ihm zeigen, dass es etwas gut gemacht hat.

Die Aufgabe von Belohnung und Verstärkung in dieser Methode ist es zu zeigen, dass der Reiter oder Pferdebesitzer ein freundlicher, aufmerksamer und beständiger Anführer in der Herde ist. **Das Pferd wird instinktiv versuchen dem Anführer zu gefallen.** Wenn es zu einer Lücke in der Führung kommt, wird diese ausgefüllt, wenn nicht von Dir, dann vom Pferd. Der Schlüssel unseres Erfolges mit dem Pferd, ist die Belohnung von positivem Verhalten.

Einen Versuch des Pferdes sollten wir niemals übersehen. Jedes positive Verhalten muss beachtet werden. Die richtige Kommunikation ist der erste Schritt, dabei einen Ablauf von positiven Konsequenzen für positives Verhalten und negativen Konsequenzen für negatives Verhalten aufzubauen.
Bei der Belohnung sollten wir den Weg der Motivation suchen. Nicht den Weg des „Falsch gemacht haben". Dies bedeutet, wir müssen das Positive suchen, um es zu belohnen und nicht das Positive übersehen. Und wenn etwas Unerwünschtes kommt dieses dann mit einer negativen Konsequenz hervorheben. Nur so kann unser Pferd motiviert bleiben – im anderen Fall kann es sehr schnell die Lust am gemeinsamen Zusammensein mit uns verlieren.

Durch die richtige Form der Belohnung kann unser Pferd einen Sinn sehen mit uns etwas zu unternehmen. Es bleibt motiviert und freut sich auf das Gemeinsame.

Deswegen ist es auch wichtig, was ein Pferd mit uns erlebt. Komme ich immer nur um es zu holen um dann damit schwer zu trainieren, kann es sehr leicht die Lust verlieren. Es wird die Zusammenhänge erkennen und sehr schnell wird es darauf reagieren. Du möchtest es von der Weide holen und es läuft weg. Na, kein Wunder – jedes Mal, wenn Du kommst heißt es ja „schwer arbeiten". Zeige Deinem Pferd, dass Du auch kommst und nichts von ihm möchtest in Bezug auf Arbeit. Vielleicht mal nur pflegen. Vielleicht mal nur spazieren gehen (am Boden), wenn es Dich tragen muss, ist es schon wieder Arbeit.

## Intrinsisches versus extrinsisches Lernen

Wenn Du mit diesen Methoden trainierst und vom Pferd verlangst, dass es Entscheidungen trifft, erlaube dem Pferd **sich selbst zu unterrichten**. Diese Art des Lernens wird **intrinsisch** genannt. Das Lernen aus eigener Erfahrung. Intrinsisches Lernen wäre zum Beispiel Arbeit gegen Ruhe zu verwenden um das erwünschte zu erreichen.
*Als Beispiel:* Mein Pferd wird schneller, ohne dass ich es möchte, dann lasse ich es in eine oder mehrere kleine Volten gehen (Energieverbrauch), bis das Tempo wieder meinem Wunsch entspricht und lasse es dann wieder gerade ausgehen.

Das Gegenteil davon ist **extrinsisches** Lernen, bei dem ein Verhalten durch Motivation von außen erreicht wird. Das extrinsische Lernen wird häufig bei den konventionelleren Ausbildungsmethoden angewandt.
*Als Beispiel:* Mein Pferd wird schneller, ohne dass ich es möchte, ich ziehe einfach am Zügel (Gebiss) und baue dort Druck (Reiz von außen) auf bis das Tempo wieder meinem Wunsch entspricht.
Bei der extrinsischen Methode bemüht sich das Pferd nur das Unangenehme „loszuwerden", es konzentriert sich gar nicht auf das von uns Erwünschte. Der Lernfaktor ist meist nur von kurzer Dauer.

Der Vorteil des intrinsischen Lernens ist, dass es viel langanhaltender ist und dem Pferd erlaubt, ruhig und rational über sein Verhalten nachzudenken. Das Ergebnis ist ein sensibleres und einfacher zu handhabendes Pferd, das sich darauf freut, mit Dir zu arbeiten, anstelle eines Pferdes, das sich vor Dir fürchtet und Dir misstraut.

## Das Pferd sollte immer eine Wahlmöglichkeit haben

Der Kern dieser Methode ist, dass der Reiter oder Pferdebesitzer dem Pferd immer verschiedene Entscheidungsmöglichkeiten gibt.
Der kürzeste Weg zwischen zwei Orten ist eine gerade Linie. Um schnell von A nach B zu gelangen macht man die Strecke gerade, um langsamer zu werden macht man den Weg kurvig. Wenn Du mit einem Pferd arbeitest, suche nach dem Weg des **geringsten Widerstandes**. Schaffe Gegensätze wie Arbeit-Ruhe, bequem-unbequem oder negativ-positiv. Dadurch präsentierst Du dem Pferd verschiedene Möglichkeiten und gibst ihm die Chance erfolgreich zu sein oder zu versagen ohne unfaire Bestrafung. Ich lasse das Pferd zum Beispiel so lange weiter arbeiten bis es das richtige macht und dann gebe ich ihm sofort

Ruhe. Das Unerwünschte wurde einfach ignoriert und übergangen, solange bis das Erwünschte kam.
Indem wir die Umgebung und die Hilfen konstant und einfach halten, wird das Pferd den richtigen Weg oder das richtige Verhalten wählen. Dabei wird es ruhig und überlegt bleiben. Dadurch wird ein glückliches und denkendes Pferd entstehen, das mit uns arbeiten will.

> „Die Begabung besteht darin, die Bewegungen des Pferdes im Verhältnis zu seinen Fähigkeiten zum Einsatz zu bringen, im Verhältnis zu seiner Natur und seinem Fühlen."
>
> Antoine Cartier d' Aure

## Denken versus Flucht

Ein kleiner Teil im Gehirn gibt dem Pferd die Möglichkeit „Mitzudenken" – nicht aber „Logisch zu denken".

Der Unterschied ist, beim Mitdenken muss jemand dem anderen zeigen um was es geht, es muss vorgemacht werden. Beim Logischen Denken kann sich jemand selber was zusammenreimen und dann durchführen (lügen, planen ...).
Das Gehirn des Pferdes lässt ein Logisches Denken nicht zu (wie vorher schon angesprochen), aber ein Mitdenken.
Dieses Mitdenken lässt nach den neuesten wissenschaftlichen Erkenntnissen den Fluchtreflex reduzieren. Je mehr wir also ein Pferd zum mitdenken anregen, desto weniger Fluchtgedanken wird es haben. Es wird ruhiger, klüger, gelassener und mutiger.

Es gibt im natürlichen modernen Umgang mit dem Pferd fünf große Säulen:

- Sicherheit
- Respekt
- Kontrolle
- Druck weichen
- Mitdenken

Im traditionellen Pferdesport gibt es meist nur 3 Säulen – der Bereich der Sicherheit (hier wird die Sicherheit durch Kontrolle von außen ersetzt, durch externe Hilfsmittel) und der letzte Bereich des Mitdenkens findet dort noch kaum Bedeutung.

### Sicherheit

Dieser erste Bereich ist deswegen als erstes so wichtig, weil wir auf ein Lebewesen treffen, dass viel schneller agiert als wir und viel stärker ist als wir. Als erstes brauchen wir Sicherheit. Sicherheit bedeutet, ich muss Wege finden, dass beide, Mensch und Pferd, sicher sind. Das Pferd muss gesund sein (Physisch wie Psychisch), der Energielevel auf einem normalen Standard, Phobien müssen ausgeschaltet sein.

### Respekt

Dieser so wichtige Punkt wird häufig völlig falsch interpretiert. Unser Pferd soll uns respektieren, weil es uns vertrauensvoll anerkennt als den Anführer der Herde. Nicht weil es Angst vor uns hat. Respekt darf also niemals als negative Dominanz angesehen werden.

Das Pferd möchte bei uns sein, weil es sich in unserer Nähe sicher und wohl fühlt. Es respektiert uns, weil wir ein Vorbild sind. Unsere Eigenschaften überzeugen unser Pferd, dass wir die Qualitäten einer echten Leitstute haben (über die Qualitäten der Leitstute später noch mehr) und deswegen möchte es bei uns sein.

„Was man mit Gewalt gewinnt, kann man nur mit Gewalt halten"

Mahatma Gandhi

### Kontrolle

Auch dieser Begriff ist oft sehr stark negativ behaftet. Doch hier handelt es sich einfach um die Möglichkeit, die Bewegungen des Pferdes kontrollieren zu können. Auf leichte Art und Weise. Nicht in einer Form der erzwungenen Kontrolle, sondern in Form einer Zusammenarbeit, durch eine Führung des Menschen.

Wenn es uns gelingt, jedes Bein des Pferdes, in allen Belangen und jederzeit zu kontrollieren, dann kontrollieren wir das ganze Pferd.

Somit führen wir die Bewegungen des Pferdes und werden eine echte Gemeinschaft. Das Pferd gibt die Führung seiner Bewegungen an den Menschen ab. Welch ein großer Vertrauensbeweis für ein Flucht- und Beutetier.

„Reiten: Das Zweigespräch zweier Körper und zweier Seelen, das dahin zielt, den vollkommenen Einklang zwischen ihnen herzustellen."

Waldemar Seunig

## Druck weichen

Wie bereits angesprochen muss unser Pferd lernen, wider seiner natürlichen Veranlagung, einem Druck zu weichen. Dabei muss jeglicher Widerstand ausgeschaltet sein. Alles was über 100 Gramm an Druckkraft notwendig ist, ist bereits Widerstand. Das Pferd gibt dann zwar „nach", aber arbeitet nicht wirklich mit.
Es ist wichtig zu verstehen, dass nur eine echte Leichtigkeit zu einer Zusammenarbeit führen kann.

## Mitdenken

Diese Form der Zusammenarbeit ist nun die optimale Ergänzung zu den vier anderen Bereichen. Und ohne die anderen Bereiche, könnte dieser gar nicht ins Leben gerufen werden.
Mitdenken bedeutet, wenn die Erfüllung einer Anforderung ohne Druck weichen möglich ist.
Mitdenken bedeutet aber auch, dass unser Pferd etwas tut, was es von sich aus niemals tun würde. Wenn es solche Dinge tut, wird das Mitdenken in vollem Umfang angeregt und reduziert den Fluchtreflex.

Man muss sich nun vorstellen können, wie bewegt sich ein Pferd in freier Wildbahn und was würde es dort einfach nicht tun?

*Als Beispiel:* Ein Pferd vermeidet in der freien Wildbahn:

- Kleine Kreise zu gehen (Volten)
- Schlangenlinien zu gehen
- Rückwärts zu gehen
- Seitwärts zu gehen
- Die Beine zu kreuzen (Übertreten)
- Sich zu biegen
- Über Hindernisse zu gehen
- Einzelne Körperteile unabhängig voneinander zu bewegen
- In enge Bereiche zu gehen (Höhlen – Unterführungen)
- Und dergleichen mehr

Um das Mitdenken anzuregen müssen wir nun genau solche Elemente erarbeiten.

Lektionen und Übungen wie:

- Kleine Kreise gehen (Volten)
- Schlangenlinien gehen
- Rückwärts gehen
- Seitwärts gehen
- Hinterhand Wendungen oder Hinterhand Kontrolle
- Vorhand Wendungen oder Vorhand Kontrolle
- Laterale Biegungen durch den Pferdekörper
- Laterale Biegungen einzelner Körperteile
- Gegen den Fokus des Pferdes zu gehen (Schulterkontrolle – Laterale Flexionen)
- Hindernisse zu bewältigen
- Gelassenheits-Lektionen (Mutig werden) und dergleichen mehr

Man kann sich das System des Mitdenkens und das System der Flucht vorstellen wie zwei Akkus. Das Pferd versucht von Natur aus, den Akku der Flucht immer voll zu haben um bei einer etwaigen Flucht genug Energie zur Verfügung zu haben. Deswegen ist es für das Pferd auch wichtig, ständig kleine Mengen an Futter zu sich zu nehmen. Damit immer Energie zur Verfügung steht.
Den Akku des Mitdenkens benutzt es von selber so gut wie gar nicht. Denn immer, wenn es diesen benutzt, braucht es dafür Energie. Es müsste also Energie im sogenannten Flucht Akku abziehen. Benutzt wird dieses System nur in einem Fall von Fluchtmodus.

In normalen Situationen wird das Pferd in der freien Wildbahn um ein Hindernis herum gehen (großer liegender Baumstamm oder ähnliches), es würde nicht darübersteigen. Denn dazu müsste es das System des Mitdenkens aktivieren. Wie groß, wie hoch, wie breit, usw., ist das Hindernis um ohne Probleme darüber gehen zu können. Dabei benötigt es Energie vom System der Flucht. Dies möchte es so weit es geht vermeiden.
Nur in einem bestehenden Fluchtverhalten wird das System des Mitdenkens augenblicklich aktiviert (fast wie ein Reflex), damit es das Hindernis unbeschadet bewältigen kann. Denn in einem Fluchtmodus darf es natürlich nicht um ein Hindernis herumlaufen, damit wäre es eine leichte Beute für das Raubtier.

Ein Pferd zum Mitdenken zu bewegen ist also demnach eines der wichtigsten Dinge in der Zusammenarbeit mit dem Pferd. Nur dadurch können wir den Fluchtreflex reduzieren und ein Pferd bekommen das wesentlich mutiger, klüger und ruhiger ist als andere.

Damit ein Pferd zu diesem Bereich kommen kann, muss es dem Menschen vertrauen. Es muss ihn anerkannt haben als den Anführer der Herde – das Leittier.

## Das Leittier

„Meine Pferde sind meine Freunde, nicht meine Sklaven."

Dr. Reiner Klimke

In jedem Herdenverband gibt es ein Leittier, das über allen anderen steht. Jedes Leittier hat bestimmte Qualitäten, die es zu einem Leittier machen. Niemals ist es Kraft in Form von körperlicher Stärke (dies kann nur eine Ergänzung sein).

Das Leittier zeichnet sich durch bestimmte Merkmale aus – die die anderen Herdenmitglieder förmlich anzieht.

Das Leittier gilt als **sozial hoch kompetent** und **besonders stressresistent**

Besonders zeichnet sie ihre

- **Intelligenz**
- **Selbstsicherheit**
- **Ausgeglichenheit**
- **Mentale und Emotionale Stärke**
- **Erfahrung**
- **Durchsetzungsvermögen**

aus.

Das Leittier ist aber kein aktiver Anführer. Es lebt dies in einer Form der passiven Führerschaft aus. Die oben genannten Eigenschaften werden über Körpersprache, Verhalten und Empathie übertragen.

Die Kontrolle des Raumes (Individualraum – persönlicher Freiraum) spielt dabei oft eine übergeordnete Rolle. Das sogenannte Raumverhalten bedeutet, dass jedes Tier einer Herde einen sogenannten Individualraum besitzt. Dieser beträgt ca. 160 cm ellipsenförmig um das Pferd herum. Dieser Individualraum ist für jedes einzelne Pferd sehr wichtig, um bei einer notwendigen Flucht nicht von einem näherstehenden Herdenmitglied blockiert zu werden.

Bei Annäherung kann es zu so einem genannten „Körpersperren" kommen, die überlegenen Artgenossen hindern so, die unterlegenen Artgenossen in den Individualraum einzutreten. Wo hingegen der überlegene Artgenosse in den Individualraum des unterlegenen eintreten kann, da der Unterlegene weicht und den Raum frei gibt.

Das sogenannte Raumverhalten steuert somit die Hierarchie in der Herde und entscheidet über Ranghöher und Rangniedriger.
Ranghöher und Rangniedriger kann sich durchaus unter den Herdenmitgliedern verschieben, nicht so bei dem Leittier. Das Leittier steht über allen Herdenmitgliedern und dessen Position wird auch nicht in Frage gestellt. Es hat eine sogenannte Absolutheit.
Das Leittier hat die beste Erfahrung. Es weiß welches Gebiet am sichersten ist, wo die besten Weideplätze sind, wo Wasservorräte sind und mehr. Diese Erfahrung gibt der Herde Sicherheit und genau diese Sicherheit sucht eine Herde.

**Das Leittier wird für die Herde unverzichtbar.**

Und genau das macht es für uns Menschen so schwer – diese Position auch als Mensch zu übernehmen. Es ist viel leichter Ranghöher zu werden oder zu sein, da genügen oft bestimmte Regeln wie „Wer bewegt Wen“ oder „Wer kann den Individualraum bestimmen“, aber die Position des Leittieres zu übernehmen ist dagegen eine ganz andere Geschichte.
Ranghöher zu werden ist tatsächlich nicht ganz so schwer wie es oft betont wird. Wenn wir die Naturgesetze der Pferde kennen und sie nutzen, können wir recht schnell die Position des Ranghöheren einnehmen.

**„Wer bewegt Wen“** ist so ein Naturgesetz. In der Welt der Pferde geht es immer ganz viel um Bewegung. Um die eigene Bewegung und auch um die Möglichkeit andere zu bewegen. Wenn ein Pferd ein anderes „bewegen“ kann – von wo weg – oder wohin – oder wie – dann wird es von dem „Bewegten“ sehr rasch als Ranghöher angesehen.
Können wir also unserem Pferd zeigen, dass wir es bewegen können und zwar so wie wir es auch wollen, können wir sehr rasch als Ranghöher angesehen werden.
Wenn es uns zum Beispiel gelingt, die verschiedenen Körperteile des Pferdes zu kontrollieren, arbeiten wir schon mit dem Naturgesetz.

Die wichtigsten 5 Körperteile:

- Kopf
- Hals
- Vorhand
- Mittelhand
- Hinterhand

Gelingt es uns die Hinterhand zu kontrollieren – so kontrollieren wir den Motor des Pferdes. Die Hinterhand ist im Fluchtbewegungsmechanismus zuständig für alles was mit Geschwindigkeit zu tun. Die Vorwärtsbewegung und auch das Anhalten, all das macht der Motor des Pferdes.

Gelingt es uns die Vorhand zu kontrollieren – so kontrollieren wir die Richtung.
Die Vorhand des Pferdes, im speziellen der Bereich der Schulter und der Vorderbeine, ist im Fluchtbewegungsmechanismus zuständig für die Richtung. Diese Teile der Vorhand bestimmen, in welche Richtung es geht. Das kann man immer gut erkennen, wenn ein Pferd zum Beispiel nach rechts gehen soll, der Hals und der Kopf sind auch nach rechts gestellt, aber das Pferd geht trotzdem nach links. Dies ist für das Pferd nur möglich, weil die Schulter, Teile der Brust und die Vorderbeine die Richtung bestimmen, nicht aber Hals und Kopf.
Die Schulter, die ein Teil der Vorhand ist, wird auch gerne als das dominante Körperteil des Pferdes bezeichnet. Die Schulter drängt gerne jemand anderes ab oder drängt in eine bestimmte Richtung.
Deswegen haben viele Reiter und Pferdebesitzer auch immer wieder Herausforderungen mit dieser Schulter. Sie drängelt beim Reiten nach innen oder nach außen. Sie geht gerne sozusagen ihren eigenen Weg. Das ist auch richtig. Hierbei überprüft unser Pferd immer, wer über die Richtung bestimmen kann. Können wir also die Schulter, die Vorhand kontrollieren, kontrollieren wir die so wichtige Richtung.

Gelingt es uns den Hals zu kontrollieren – kontrollieren wir die Balance Stange des Pferdes und kontrollieren somit das Gleichgewicht des Pferdes. Wie wir schon gehört haben, ist der Gleichgewichtssinn des Pferdes um ein vieles größer als beim Menschen. Das bedeutet auch, dass unsere Pferde wesentlich sensibler reagieren im Gleichgewichtssinn, aber auch wesentlicher geschickter sind, wenn es um die Balance geht. Gelingt es uns, den Hals lateral (seitlich) zu biegen, können wir den Gleichgewichtssinn kontrollieren. Wenn wir hier von der seitlichen Kontrolle sprechen, so sprechen wir weiterhin von Leichtigkeit und Nachgiebigkeit (ich erinnere an die 100 Gramm). Kein Ziehen und Zerren.

Gelingt es uns den Kopf zu kontrollieren – kontrollieren wir das Adrenalin des Pferdes.
Wenn ein Pferd wachsam, achtsam oder furchtsam ist, trägt es den Kopf hoch. In dieser Situation geht auch der Adrenalinspiegel des Pferdes hoch. Können wir das Pferd dazu veranlassen, den Kopf zu senken, senken wir auch den Adrenalinspiegel. Dieses senken des Kopfes ist auch viel mehr wert als man vorerst vermutet. Das „Zulassen" des Senkens des Kopfes ist auch eine Form von hoher Vertrautheit.
Tiefe Kopfhaltung bedeutet immer eine Form von Zufriedenheit und Gelassenheit. Gelingt es uns dann noch die Gangarten zu bestimmen, so bestimmen wir laut Naturgesetz über das System des anderen. Und werden somit als Ranghöher angesehen.

Die Zeichen dafür sind echte Nachgiebigkeit, Lecken und Kauen und das selbstständige Senken des Kopfes. Diese Zeichen sollen dem Ranghöheren vermitteln, dass der Rangniedrigere die Positionen bestätigt. Es erkennt den Ranghöheren an.

Da Pferde im Naturgesetz sehr subtil arbeiten, muss sich der Mensch konzentrieren diese Bewegungskontrolle immer zu haben. Also nicht nur beim Training, sondern auch beim allgemeinen Umgang. Pferde erkennen sehr schnell, dass zum Beispiel in der Reithalle oder auf dem Reitplatz etwas anderes ist, als beim Gehen auf dem Weg oder überhaupt im Gelände.

Somit gelingt es einigen Pferden sehr schnell, ihre Besitzer in der Reithalle „zufrieden zu stellen" und es entsteht der Glaube, der Mensch sei Ranghöher. Geht dieser Besitzer aber mit seinem Pferd ins Gelände, kann die Situation eine ganz andere sein. Leider findet man diese Situation gar nicht so selten vor. Hier haben Pferde den Unterschied bemerkt, den der Mensch oft unbewusst dargestellt hat. Er hat einen Unterschied gemacht zwischen dem was er in der Reithalle macht und zwischen dem was in der Box, auf der Stallgasse, auf dem Weg zum Reitplatz, auf dem Weg zur Koppel, usw., macht.

Nur allzu schnell verstehen Pferde diesen Unterschied und leben auch den Unterschied. Warum sie das tun ist einerseits, dass sie alle Aktionen in Bildern abspeichern und andererseits nehmen sie uns immer für das was wir tun und nicht wer wir sind.
Da es für Pferde normal ist, mal Ranghöher und mal Rangniedriger zu sein (außer das Leittier), spielt es für das Pferd auch keine große Rolle. Dann nehmen sie uns auch halt mal als Ranghöher (zum Beispiel in der Reithalle) und manchmal als Rangniedriger (im Gelände, auf dem Weg zur Halle, usw.).

„Die Kenntnis der Psyche des Pferdes
ist eine der wichtigsten Voraussetzungen der Dressur
und jeder Reiter sollte sich eingehend mit ihr vertraut machen."

Francois Robichon de la Gueriniere

# Stress

## Stress macht krank

Wer kennt diese Aussage nicht? Und bei unseren Pferden ist es leider genauso.

Vor allem weil Pferde gemäß ihrer natürlichen Struktur keinen Stress kennen. Deswegen können sie auch ganz schwer damit umgehen und es kommt viel schneller zu Verhaltensauffälligkeiten und Krankheiten. Pferde in der freien Wildbahn sind friedliebend, Harmoniebedürftig und kennen keine Ängste.
Furcht ja – bei einem etwaigen Angriff von Raubtieren. Ist die Gefahr aber vorbei, ist die Furcht auch wieder vorbei.
Ängste hingegen können allgegenwärtig sein. Angst haben zu versagen, Angst haben jemanden zu verlieren, Existenzängste und mehr. Diese Form der Angst kennen Pferde nicht.
Deswegen macht die Furcht, die rasch kommt und ebenso rasch wieder geht, nicht krank. Hier kommt es nur zu einer kurzen Ausschüttung von Kortisol, die nicht schädlich ist.
Bei einer anhaltenden Angst, auch bei einer gar nicht bewussten Angst, kommt es zu einer dauerhaften, negativen Ausschüttung und die macht krank.
Jedoch zeigen unsere modernen Haltungsformen und Ausbildungsformen, dass wir Ängste beim Pferd etablieren können.

Bei den Haltungsformen sind es die Zusammenstellung der Weidegruppen durch uns, der Fütterungsvorgang, der Koppelgang, das subtile negative dominante Verhalten ständig anwesender Personen und dergleichen mehr. Auch falsche Fütterung kann zu Stress führen. Das Abhängig machen von bestimmten Stoffen (verschiedenste Formen von sogenannten Müslis) oder das zu viel Zuführen von Energie (Kraftfutter) im Verhältnis zur Bewegung.

Bei den Ausbildungsformen ist es die nicht vorhandene notwendige Zeit und der massive viel zu schnelle Druck.

Heutzutage gilt in unserer Gesellschaft das Motto „Höher, schneller und weiter". Und dieses Motto macht auch vor unseren Pferden nicht halt.
Ein Pferd muss binnen kürzester Zeit allesmögliche erlernen, je weniger Zeit für die Ausbildung benötigt wird, desto besser. Früher gab man den Pferden alle Zeit der Welt um gute Reitpferde zu werden. Heute sind 90 Tage (3 Monate) schon viel.

„Zeit ist das größte Geschenk, dass Du Deinem Pferd geben kannst."

Buck Brannaman

Pferde haben von Natur aus kein Leistungsbewusstsein. Wir müssen ihnen also erstmal beibringen, dass es Leistung (Arbeit) gibt. Und dann müssen wir das Leistungsbewusstsein langsam steigern. Im Abgleich zwischen der Physischen und der Psychischen Seite. Pferde müssen *Lernen zu lernen*.

Lassen wir dem Pferd nicht die Zeit das *Lernen zu lernen* – kommt es zu Stress.

Stress ist eine negative Kraft, die die Gesundheit und das Wohlbefinden des Pferdes enorm beeinträchtigen. Stress kann Pferde von der Geburt bis ins hohe Alter treffen, Pferde im Ruhestand ebenso wie Pferde im Leistungssport, ungezähmte wie gut trainierte Pferde. Jede stressige Situation hat sofortige Auswirkungen auf das endokrine System eines Pferdes. Stresshormone, Adrenalin und Noradrenalin werden über das sympathische Nervensystem freigesetzt.
Diese Hormone verursachen eine KAMPF- oder FLUCHT-Reaktion. Sie verursachen einen Anstieg der Herzfrequenz, des Blutdruckes und der Atemfrequenz.
Extremer oder chronischer Stress verursacht die Freisetzung des Corticotropin hormonfreisetzenden Faktors, der wiederum die Freisetzung von Glucocorticoid Cortisol verursacht. Cortisol hilft Pferden, Stress zu vermindern, indem es den Glukosestoffwechsel steigert und zusätzliche Energie für die FLUCHT oder den KAMPF bereitstellt.
Auch wenn dieser Effekt des Cortisols am Beginn einer stressigen Situation hilfreich ist, senkt Cortisol letztlich die Aufnahme von Glukose in die Zellen und hat eine negative Auswirkung auf den Energiestoffwechsel. (Quelle: teilweise von Richard G. Godbee, Ph.D., PAS)
Eine Steigerung der Stressepisoden und die Freisetzung von Cortisol hat einen negativen Einfluss auf das *Immunsystem*, die *Verdauung*, das *Verhalten*, das *Herz-Kreislauf-System* und die *Fortpflanzung*. Ein Anstieg von Magengeschwüren, Koliken, Durchfall und Verhaltensauffälligkeiten sind die Folgen.

STRESS macht unsere Pferde krank.

Viele Pferde zeigen es sehr rasch, dass sie Stress haben mit Verhaltensauffälligkeiten wie Kopf schlagen, Zunge heraushängen lassen, erhöhtes Fluchtverhalten, hohe Nervosität, Weben, Zähneknirschen und mehr.
Aber viele andere Pferde verstecken ihren Stress und leiden sozusagen stumm. Hier kommt es in späterer Folge zu tatsächlichen Krankheitsformen.

Dieser negative Stress kann auch vom Menschen übertragen werden. Gibt es eine ständig negative Stimmungsübertragung (Angst, Wut, Zorn etc.) vom Menschen auf das Pferd, kann dies dieselben Folgen haben.
Stress ist also nicht nur der größte Feind des modernen Menschen, sondern auch der größte Feind unserer domestizierten Pferde.
Ein erwachsenes Pferd hat eine Konzentrations- bzw. Aufmerksamkeitsspanne von einem dreijährigen Kind – das sollten wir nicht vergessen.
Wir sollten also versuchen, Stress auf allen Seiten zu vermeiden. Eine gute artgerechte Haltung und eine Ausbildung mit viel Zeit – das erhält die Gesundheit und auch die Motivation.

„Darum ist – und bleibt – Reiten eine Schule der Menschlichkeit."

Hans-Heinrich Isenbart

## Nochmal zurück zum Leittier

Das Leittier, wie schon angesprochen, steht über allen Herdenmitgliedern. Die Position des Leittieres wird auch nicht in Frage gestellt, dazu ist sie einfach viel zu wichtig für die gesamte Herde.
Das Leittier ist eben auch der sogenannte Überlebensfaktor. Die wichtigste Position einer Herde. Von ihr hängt der Fortbestand der ganzen Herde ab. Dessen ist sich jedes einzelne Mitglied bewusst.
Das Leittier bei Pferden ist beinahe immer ein weibliches Tier – also sprechen wir auch immer von einer Leitstute. Wenn wir als Pferdemenschen immer von einer Leitstute sprechen und wir als Bezugsperson diese Position einnehmen sollen, so ist dies unter den genannten Aspekten viel schwieriger und komplexer als wir das bis jetzt immer vermuteten.

Schon alleine der zeitliche Aspekt spielt eine enorm wichtige Rolle. Die Leitstute ist immer bei der Herde. Tag und Nacht – 24 Stunden.
Wie lange sind wir Menschen bei unserem Pferd, bei unserer Herde? Eine oder zwei Stunden täglich? Manche Pferdebesitzer können dies nicht mal aus familiären oder beruflichen oder örtlichen Gründen. Eine Statistik aus Deutschland sagt aus, dass der Standard- Pferdebesitzer 3 – 4-mal pro Woche ca. 1 Stunde beim Pferd ist. Ein Leittier in der freien Wildbahn verlässt die Herde kaum bis gar nicht. Also haben wir schon einen Aspekt, den wir berücksichtigen müssen.
Dann kommen viele Pferdebesitzer mit vielen Alltagsproblemen zum Pferd. Das ist normal und das ist menschlich. **Für uns – nicht aber für unser Pferd.**

All die kleinen oder auch großen Probleme, die wir zum Pferd mitbringen, kennen unsere Pferde nicht mal. Die haben diese gar nicht in ihrem natürlichen System. Probleme wie Ärger mit dem Chef, finanzielle Probleme, Beziehungsprobleme, Existenzängste, falsche oder ungesunde Glaubenssätze, Werte und Überzeugungen ... all das kennen unsere Pferde nicht. Werden aber durch uns damit konfrontiert. Meistens nicht mal bewusst, sondern wir tragen diese Probleme unbewusst an unser Pferd heran. Übertragen werden all diese Probleme über die Funktion der sogenannten Spiegelneuronen. Diese Spiegelneuronen – einfach gesagt – übertragen bzw. senden unsere Empfindungen, unsere Stimmung an das Pferd. Das Pferd wiederum besitzt ebenfalls solche Spiegelneuronen und empfängt unsere Empfindungen und Stimmungen. Das Pferd hat also gar keine Möglichkeit sich den Schwingungen des Menschen zu entziehen. Genau aus diesem Grund sagt Kelly Marks immer „Haltung ist alles“ und damit ist die innere Haltung des Menschen gemeint.

Dem Pferd also zu vermitteln die Leitstute zu sein, ist ein äußerst schweres Unterfangen und nicht so einfach wie es uns bisher immer gesagt wurde.
Äußere Handlungen genügen hier einfach nicht. Durch die korrekten äußeren Handlungen kann ich Ranghöher werden, aber nicht automatisch das Leittier. Obwohl Ranghöher schon sehr, sehr viel Wert ist – ist doch von aller größter Bedeutung die Position des Leittieres anzustreben.
Hier ist nun der Mensch völlig alleine gefragt. Er muss sich verändern. Er muss dafür sorgen, dass er eine neue innere Haltung bekommt. Das wiederum bedeutet, er muss sich über sein Unterbewusstsein im Klaren werden, damit er eventuelle falsche Überzeugungen, falsche Glaubenssätze, verborgene Ängste und mehr aufdecken und lösen kann.
Diese Thematik ist viel wichtiger als bisher angenommen wurde und deswegen wird diesem Thema auch ein gesondertes Buch gewidmet:
**„Leben neu er-leben" von Martin Kreuzer.**

## Der Mensch ist der Gestalter der Pferd-Mensch-Beziehung (Horsemanship)

Allein der Mensch ist verantwortlich für die Qualität seiner Pferd-Mensch-Beziehung.

Niemals kann das Pferd für diese Qualität verantwortlich gemacht werden. Im Unterschied zur Domestikationsgeschichte der Haushunde hat das Pferd nicht die Gemeinschaft des Menschen gesucht, sondern ist im Rahmen der Domestikation dazu gezwungen worden. Diese Tatsache allein zeigt, dass die Herangehensweise an eine gute Pferd-Mensch-Beziehung eine völlig andere ist, als zum Beispiel bei unseren Haushunden.
Der Mensch muss sich zuerst seine Stellung gemäß der Natur des Pferdes erarbeiten. Er muss für sein Pferd wichtig werden – wichtig in Richtung Leittier.
Er kann sich diese Stellung niemals über negative Dominanz erarbeiten – diese Form der Kontrolle, die doch so weit verbreitet ist, ist nichts anderes als Kontrolle im negativen Sinn und funktioniert auch nur, weil Pferde von Haus aus friedliebende Tiere sind. Das ist auch der Grund warum immer mehr Hilfszügel auf dem Markt kommen und regen Absatz finden.
Aber jeder, der diese negative Kontrolle ausübt, muss sich darüber im Klaren sein, dass er sich vom Pferd und seinem Wesen distanziert. Niemals wird er vom Pferd anerkannt und geliebt werden – niemals.

Gefühllose Strenge sorgen für Einschüchterung und Verängstigung.

Aber auch eine gespielte Überlegenheit des Menschen, die Angst und Unsicherheit verbergen soll, führt oft zu Konfliktsituationen. Letztlich sucht das Herdentier Pferd im Menschen die klare, konsequente, respekt- und vertrauensvolle Führung, wo die äußere Handlung mit der inneren Haltung übereinstimmt.
Nur allzu häufig sieht man in einer Pferd-Mensch-Beziehung, dass der Mensch eine äußere Handlung durchführt, diese aber nicht übereinstimmt mit seiner inneren Haltung. Pferdisch gesehen belügt damit der Mensch sein Pferd. Dies führt beim Pferd unweigerlich zu einer großen Irritation und die Interaktion zwischen beiden wird gestört oder manchmal auch zerstört.
Dies kann geschehen, weil der Mensch etwas tun muss, wozu er eigentlich gar nicht bereit ist, aber es kann auch durch Überheblichkeit geschehen. Beides führt zur Irritation des Pferdes und das Pferd wird sich naturgemäß distanzieren.

Der Mensch muss lernen, wie das Pferd gemäß seiner natürlichen Veranlagung funktioniert (Verzeih dieses Wort), er muss die Natur des Pferdes, sein instinktives Verhalten und seine Lernpsychologie verstehen, er muss lernen Pferdisch zu kommunizieren und er muss authentisch und ehrlich bleiben. Seine äußere Handlung muss mit seiner inneren Haltung übereinstimmen.

„Wenn der Mensch je eine große Eroberung gemacht hat,
so ist es die, dass er sich das Pferd zum Freund gemacht hat."

Georges-Louis Leclere

## Kommunikative Möglichkeiten

Welche Möglichkeiten hat nun der Mensch mit dem Pferd zu kommunizieren?

Die *analoge* Form der Kommunikation
und
die *digitale* Form der Kommunikation

**Die analoge Form der Kommunikation gilt als die älteste und bewährteste Form der Verständigung unter höheren Lebewesen.**

Es ist das emotionale Ausdrucksverhalten, das nicht erlernt werden muss. Man könnte es auch als „universale Grammatik" bezeichnen. Es ist eine universale artübergreifende Verständigung. Es ist die Form der nonverbalen Kommunikation – die Körpersprache.
Die digitale Form der Kommunikation – also die verbale Form der Verständigung – hingegen ist keine eindeutige artübergreifende Verständigung, sondern ein erlerntes System (Konditionierung).
Möchte der Mensch also so kommunizieren, dass er von seinem Pferd – im Sinne der Natur des Pferdes – verstanden wird, so muss er sich der analogen Form der Kommunikation widmen.

**Er muss sich also der artübergreifenden Körpersprache bedienen.**

Pferde erfassen dabei angedeutete Bewegungen, Bewegungsrhytmus, durchgeführte Bewegungen, Blickkontakt, Blickrichtung (Fokus), Entspannung und Anspannung der Muskulatur, Körpergerüche, Atmung, Zittern und dergleichen mehr.
Zur Körpersprache gehört auch noch das Imitationsverhalten, das sogenannte Nachahmen. Hier werden bestimmte Elemente des natürlichen Pferdeverhaltens nachgeahmt.
Der Mensch heutzutage aber hat gelernt hauptsächlich bewusst seine verbale Kommunikation einzusetzen. Unbewusst benutzt er natürlich seine Körpersprache, aber diese ist meist nur mehr von Fachleuten interpretierbar.
In der Kommunikation mit dem Pferd muss jedoch der Mensch zurückgehen auf diese einfache und doch so klare Form der Verständigung. Er muss wieder lernen Körpersprache auszudrücken. Er muss wieder herausfinden wie seine Körpersprache auf andere wirkt, er muss lernen, klare Bewegungen darzustellen, aktiv und passiv auszudrücken und mehr.
Sehr schnell finden Pferde dann heraus, dass der Mensch die Sprache der Pferde benutzt und reagieren dann auf erstaunliche Art und Weise.

Die sprachliche Variante ist eine Form der Konditionierung und keine echte artübergreifende Kommunikation. Deswegen hat sie eine untergeordnete Rolle in der Verständigung zwischen Menschen und Pferd. Obwohl dies seit vielen Jahren bekannt ist, wird der stimmlichen Verständigung immer noch viel Bedeutung beigemessen. Was leider wieder zu Irritationen und Missverständnissen in der Kommunikation führt.
Beim Umgang am Boden ist der Einsatz der Körpersprache etwas leichter verständlicher als bei der Reiterlichen Aktivität. Dennoch gilt der Einsatz der Körpersprache beim Reiten ebenfalls als die eigentliche Form der Verständigung. Der Einsatz vom reiterlichen Gewicht und das benutzen der natürlichen Kraft des Fokus.

Bleiben wir kurz bei der reiterlichen Aktivität und dem Einsatz der Körpersprache.
Wir müssen uns daran erinnern, wie sensibel das Gleichgewichtssystem unseres Pferdes ist (viel größer als unseres).
Wenn wir nun auf dem Pferd sitzen und zum Beispiel mehr Gewicht auf den linken Sitzbeinhöcker bringen, wird das Pferd unter das Gewicht treten und nach links sein eigenes Gewicht verlagern. Das ist ein ganz normales physiologisches Gesetz. Der Reiter allerdings muss in diesem Fall links *sitzen*, er darf sich nicht nach links *lehnen*. Das würde genau das Gegenteil bewirken.
Wenn der Reiter dann noch die natürliche Kraft des Fokus mitbenutzt, also das *Hindenken wohin man möchte* und den Körper nach dorthin ausrichtet (ohne den korrekten Sitz dabei zu verlieren), wird es schnell klar wie wichtig auch beim Reiten die Verständigung über die Körpersprache ist.

Zugleich ist das Reiten über das Gleichgewicht – über die Balance – die einzige Form der reiterlichen Verständigung, die keinen Zwang und somit keinen Gegendruck hervorruft. Und erst diese Form des Reitens regt das bereits angesprochene Denksystem des Pferdes an.
Reitet man ein Pferd zum Beispiel über den Zügel, man möchte nach links gehen und zieht dabei am linken Zügel, so wird das Pferd natürlich irgendwann nach links gehen, aber nur, weil es dem Zügel-Zug weichen möchte, nicht weil es etwa nach links denkt. Was zur Folge hat, dass das Pferd gar nicht mitbekommt, das der Reiter eigentlich eine andere Richtung einschlagen wollte. Es hat sich nur damit beschäftigt, dem Zug des Zügels auszuweichen.
Reiten wir es hingegen über sein Gleichgewicht, ist seine Aufmerksamkeit ständig auf uns gerichtet, weil es permanent unter das Gewicht treten muss. Es muss ständig „Mitdenken".
Dies können wir selber gut ausprobieren, indem wir einen anderen Menschen auf unsere Schultern setzen und dieser soll nun ständig sein Gewicht verlagern. Sehr schnell werden wir ebenfalls feststellen, dass wir uns permanent um die Gewichtsverlagerung kümmern müssen.

Der positivste Nebeneffekt dieser Reiterei ist die weitere Reduzierung des Fluchtreflexes durch das beständige Anregen des Mitdenkens.
Demnach wird diese Form des Reitens auch vom Pferd wesentlich schneller und intensiver angenommen als andere sogenannte moderne Formen. Man muss die Körpersprache als universale Verständigung mit dem Pferd sehen, egal was ich gerade unternehme mit dem Pferd.

„Wir müssen uns auf die sinnliche Wahrnehmungsebene des Pferdes begeben, nur so können wir einen echten Zugang zum Pferd bekommen."

Martin Kreuzer

## Disziplin versus Misshandlungen

Disziplin entspricht einem inneren Bedürfnis, sie beruht auf Grenzen und Richtlinien, nicht auf Strafe und Misshandlung. Disziplin ist ein wichtiger Teil des Trainings, sie erlaubt dem Pferd die Grundlagen Eurer Beziehung zu verstehen. Bestimmte Verhaltensweisen sind nicht akzeptabel und müssen daher von einer Konsequenz gefolgt werden, die das klar stellt.

Das Pferd muss aber auch das Recht haben, Dich zu disziplinieren. Wenn ein Pferd als Reaktion auf Dein Verhalten Unwohlsein oder Misstrauen zeigt, ignoriere das nicht als einen „kindischen" Ausbruch, sondern analysiere die möglichen Ursachen. In dieser Beziehung musst Du die Versuche des Pferdes zu protestieren, respektieren und versuchen, die Bedingungen zu verbessern.

Hier ist es wichtig zu wissen, wie sich Disziplin von Misshandlung unterscheidet. Disziplin sollte keine Angst verursachen. Konsequenzen, wie Weiterarbeiten oder der Druck des Trainingshalfters, sollten so eingesetzt werden, dass das Adrenalin des Pferdes niedrig bleibt. Sobald das Pferd sich fürchtet, werden seine Überlebensinstinkte ins Spiel kommen und seine Fähigkeit zu lernen wird stark herabgesetzt. Disziplin sollte auch vorhersehbar und konsequent sein und dem Pferd erlauben, rational über sein Verhalten und dessen Konsequenzen nachzudenken.

## Verantwortung

Misshandlung kann verschiedene Formen annehmen, grundsätzlich ist es jedoch eine Handlung, die Angst und Panik verursacht, ohne dass eine Möglichkeit des Entkommens besteht. Häufig ist eine Misshandlung physisch, Schmerz oder körperlichen Schaden verursachend, aber sie kann auch psychisch sein, die Bedrohung geschlagen zu werden. Misshandlung in ihrer schlimmsten Form ist inkonsequent, dies kann zur sog. „Gelernten Hilflosigkeit" führen. Einem Syndrom, bei dem die Unvorhersagbarkeit der Misshandlungen und die Unfähigkeit, diese einzuordnen zu Depression, Ängstlichkeit und Apathie führen.

Im selben Augenblick, in dem Du den Weg der Misshandlung einschlägst, zerstörst Du die Integrität der Kommunikation. Man versagt darin, das Vertrauen des Pferdes zu respektieren und man versagt als Anführer der Herde.

## Prägung

Ist ein Lernprozess, der kurz nach der Geburt einsetzt und in dem Verhaltensmuster festgelegt wird. Prägung ist ein Prozess, der so fest in einem Lebewesen verankert wird, dass es auf Lebenszeit anhält. Etwas das geprägt worden ist in späterer Folge wieder abzutrainieren, gilt als beinahe unmöglich. Zum Beispiel gibt es ein ganz spezielles Prägetraining für Fohlen, um es in dieser so wichtigen Zeit vorzubereiten auf das spätere Leben mit dem Menschen und dessen Umfeld. Dieses Training sollte aber von einem Fachmann durchgeführt werden.

## Bindung und Zugehörigkeit

Pferde suchen nach einer instinktiven Bindung und damit Zugehörigkeit. Sie müssen laut ihrer Natur zu einer Herde gehören, um überleben zu können. Diese Bindung ist extrem stark verankert beim Pferd – deshalb kann es bei zu kleinen Gruppen von Pferden (zwei oder drei) zum sogenannten Kleben kommen. Dieses Verhalten kann jedoch den Umgang und die Ausbildung eines Pferdes sehr stark gefährden.
Jedoch können diese Bindung und Zugehörigkeit für die Beziehung zum Menschen positiv genutzt werden. Der Mensch muss sein eigenes Verhalten umändern in das Verhalten der Natur der Pferde. D.h. der Mensch muss sich so verhalten wie die Pferde eben auch.

Nur so kann eine Bindung zum Menschen entstehen. Die Natur und die Instinkte des Pferdes zu nutzen im täglichen Umgang und dem Training des Pferdes hat dadurch oberste Priorität.

## Gewöhnung

Man kann ein Pferd beinahe an alles gewöhnen.

Gewöhnung bedeutet etwas solange zu wiederholen bis es selbstverständlich geworden ist. In der Gewöhnung gibt es unterschiedliche „Systeme" – es gibt das Desensibilisieren, die Reizüberflutung und das eigentliche Gewöhnen selber.

Als das *Gewöhnen* wird in der Regel das verstanden, wo das Pferd sich an etwas gewöhnt ohne Zutun des Menschen.

Als *Desensibilisieren* wird bezeichnet, wenn der Mensch ganz bewusst das Pferd durch ein bestimmtes Training an etwas gewöhnt.

Als *Reizüberflutung* bezeichnet man, wenn das Pferd einem Reiz so lange ausgesetzt wird, bis es diesen Reiz akzeptiert hat.

## Sensibilisierung

Ist ein äußerst wichtiger Prozess im Umgang und Training von Pferden. Der Reiter z.B. möchte sein Pferd auf seine Signale hin sensibilisieren, damit er ein hohes reiterliches Maß erreichen kann. Der Grat zwischen Desensibilisierung und Sensibilisierung ist sehr, sehr schmal.

## Dominanz

Es ist wichtig zu verstehen, dass ein Pferd dominieren nicht bedeuten muss, ein Pferd physisch zu dominieren. Kein Mensch ist stärker als ein Pferd. Und Dominanz hat nichts zu tun mit körperlicher Gewalt, Verletzen oder Misshandlung.
In Freiheit lebende Pferde werden meistens von einer älteren Stute angeführt. Sie dominiert die Herde durch die Stärke ihrer Persönlichkeit und ihr Verhalten.
Die Pferde fügen sich ihrer Erfahrung und ihrer Weisheit. Sie fühlen die **Absicht** der Stute, sie fühlen ihre **Energie** und binden sich zum eigenen Schutz an diese Stute. Die Pferde lernen auch sehr schnell die Absicht und Energie des Menschen zu fühlen – instinktiv.

Möchte der Mensch, dass sein Pferd ihn echt und aufrichtig respektiert, ihn als Anführer anerkennt, so hat er die Aufgabe, nicht nur sein Verhalten dem Verhalten der Pferde anzupassen, er muss lernen ganz bewusst mit seiner Energie und seiner Absicht umzugehen. Echte Führung ist nicht immer einfach – denn sie muss allgegenwärtig sein. Man kann sie nicht ein- und ausschalten – sie muss ständig gelebt werden.

## Gute Manieren – Gute Partner

### Je besser die Manieren eines Pferdes sind – desto beliebter ist das Pferd

Ja das stimmt wirklich und ich weiß es aus eigener Erfahrung. Je besser die Manieren eines Pferdes sind, desto beliebter ist es und desto besser wird es von allen behandelt. Ein freundliches, nettes und respektvolles Pferd wird es immer besser haben im Leben als ein rüpelhaftes und respektloses Pferd.

Was sind nun genau gute Manieren?

- Ein freundliches Gesicht
  Pferde haben nur begrenzte Möglichkeiten ihren Unwillen zu zeigen:
  Ein unwilliges Gesicht zeigen
  Die Ohren anlegen
  Mit dem Schweif schlagen
  Mit dem Vorderbein kratzen oder aufstampfen
  Wegdrängen oder wegziehen
- Ruhig stehen bleiben
- Den Persönlichen Freiraum des Menschen zu akzeptieren
- Die Hufe anheben und selber halten
- Den Kopf nicht hoch nehmen beim Aufhalftern oder Auftrensen
- Sich an den Menschen zu orientieren
- Nicht den Menschen bedrängen
- Sich nicht am Menschen zu schuppern
- Beim Aufsitzen ruhig und gelassen stehen bleiben
- Die Hilfen des Menschen anzunehmen (Boden & Reiten)
- Und dergleichen mehr

Was kann ich machen, wenn mein Pferd zum Beispiel beim Aufsitzen nicht stehen bleiben will?

Als erstes sollten wir klären wie das Problem entstanden ist:

- Dem Pferd wurde es niemals richtig erklärt stehen zu bleiben
- Das Pferd glaubt es muss selber Führung übernehmen
- Das Pferd hat nie gelernt richtig ausbalanciert zu stehen
- Der Reiter rammt dem Pferd die Stiefelspitze in die Seite, wo er aufsitzen möchte
- Der Reiter lässt sich in den Sattel fallen
- Die Ausrüstung passt nicht richtig
- Der Reiter ist immer sofort losgeritten, kaum hat er im Sattel Platz genommen

Dies alles und mehr kann dazu führen, dass dieses unschöne Bild entsteht.

Als beste und erfolgreichste Methode, dem Abhilfe zu schaffen, ist eine Hinterhandkontrolle einzuleiten, sobald das Pferd daran denkt sich in Bewegung zu setzen.

Warum Hinterhandkontrolle?
Weil die Hinterhand der Motor des Pferdes ist und damit gehen wir direkt an den Auslöser ran.

Sobald das Pferd nur daran denkt, leite ich eine Hinterhandkontrolle ein und lasse mein Pferd ruhig aber doch bestimmt mehrmals über die Hinterhand gehen. Alles sollte ohne Stress erfolgen. Für das Pferd sollte es nur mehr Arbeit sein.

Danach gehe ich zum nächsten Versuch über. Bewegt sich mein Pferd wieder, wiederhole ich dieses Prozedere so lange bis es einmal stehen bleibt. Im Idealfall reite ich dann aber gar nicht los, sondern steige ab und belohne es dafür, dass es stehen geblieben ist. Damit haben wir dann im vollen Umfang mit der Lernpsychologie des Pferdes gearbeitet. Und somit haben wir nicht nur eine Momentlösung geschaffen, sondern eine Dauerhafte. Aber wie wir schon angemerkt haben, sind wir verantwortlich, dass unser Pferd gute Manieren hat. Wir müssen unserem Pferd zeigen, wie es sich verhalten soll.

Wenn wir es ernst nehmen mit unserem Partner Pferd, dürfen wir nichts dem Zufall überlassen. Wir müssen all das trainieren, was wir irgendwann mal brauchen könnten. Vom Verladen des Pferdes bis hin zum Auftritt an einem großen Event. Egal was es auch sein mag, wir müssen unser Pferd darauf vorbereiten.
Wenn wir unser Pferd auf alles vorbereiten, haben wir ein ruhiges, kluges und mutiges Pferd – auf das wir uns verlassen können.
Und das ist doch eigentlich auch unser Wunsch: ein Pferd zu haben dem wir vertrauen können und auf das wir uns verlassen können.

„Ein Amateur übt, bis er es richtig macht.
Ein Profi, bis er es nicht mehr falsch machen kann."

## Versammlung

Egal welchen Reitstil wir ausüben, egal ob wir Turniere bestreiten oder nur im Gelände unterwegs sind – an einem Thema kommen wir alle nicht vorbei – an der Versammlung. Als aller erstes möchte ich betonen, dass die Versammlung keine bestimmte Lektion oder bestimmte Übung ist. Es ist das, was wir brauchen damit unser Pferd gesund bleibt – physisch wie psychisch.

**Und ich möchte mit dem Irrglauben aufräumen, Freizeitreiter brauchen dies nicht, denn sie gehen ja nur ins Gelände.**

JEDER der ein Pferd kontrolliert bewegt, ob am Boden oder als Reiter, muss sich diesem Thema widmen – wenn er seine Pferd-Mensch-Beziehung ernsthaft betreiben möchte.

Unsere Pferde werden sozusagen *konkav* geboren und bleiben es auch ihr ganzes Leben lang.
Dies ist auch in Ordnung, wenn wir vom Pferd nichts verlangen. Sobald wir aber etwas vom Pferd verlangen, ob wir es longieren, es am Boden arbeiten oder es reiten, müssen wir es zu einem *konvexen* System formen (und das hat noch gar nichts mit Versammlung zu tun).
Dies ist von größter Bedeutung, da sonst der Rücken, die Vorderbeine, die Schultern und mehr, Schaden nehmen können. Meist zeigen sich diese etwaigen Schäden nicht gleich, sondern es sind meist sogenannten Langzeitschäden, die erst viel später auftauchen.
Lasst uns mal Versammlung aus körperlicher Sicht definieren:
Das Pferd ist durch die muskuläre Entwicklung soweit gekräftigt und ins Gleichgewicht gebracht worden, dass es in der Lage ist, sich mit dem Reitergewicht auf einer durch das

Untersetzen der Hinterbeine gleichmäßig, taktrein und kadenziert zu bewegen.
Als Versammlung bezeichnet man die letzte Stufe der Ausbildung, die sich nach systematischer Trainingsarbeit fast von selber ergeben sollte.

Körperliche Merkmale der Versammlung:

- Der Atlas ist der höchste Punkt (Genick ist höchster Punkt)
- Die Nase ist kurz vor der Senkrechten
- Die Ganaschen sind geöffnet
- Das Hinterbein tritt vermehrt unter dem Schwerpunkt
- Der Schweifansatz ist tief

Diese Merkmale sind nur vereinfacht ausgedrückt und dennoch kann man damit erkennen, ob die äußeren körperlichen Aspekte sichtbar werden.

Bevor eine Versammlung angestrebt wird, muss der Körper in die richtige Richtung entwickelt werden. Wir müssen die Oberlinie des Pferdes kräftigen: Oberhals, Rücken, Kruppe (das bereits angesprochene konvexe System). Die Bauchmuskeln unterstützen diesen muskulären Vorgang.
Durch ganz bestimmte Lektionen und Übungen können wir unser Pferd zu diesem konvexen System machen. Jede laterale Biegung durch den Pferdekörper hilft unserem Pferd sich konvex zu entwickeln (korrekte Volten und kleine Kreise) und weitere spezielle Lektionen können diese Entwicklung unterstützen wie Schulterherein, Travers, Renvers, und viele mehr.

Aber nur ein Pferd, dass sich nicht mehr wie ein Fluchttier verhält, lässt sich in diese Richtung entwickeln. Solange das Pferd sich noch verhält wie ein Fluchttier, können solche Entwicklungen nur unter Spannung stattfinden und dies nur mit zusätzlichen Hilfsmitteln. Nur ein zwangsloses und losgelassenes Pferd kann sich zum konvexen System und zur Versammlung entwickeln.

**Das Pferd muss mental und emotional fit sein, um sich physisch richtig entwickeln zu können.**

Abhängig vom Alter und Trainingszustand sowie dem Exterieur wird auch der Versammlungsgrad immer unterschiedlich gut ausgeprägt sein können.
Durch eine langsame, zielgerichtete und systematische Ausbildung sind die Langlebigkeit und die Rittigkeit des Pferdes für jeden Reiter ein durchaus realistisches Ziel.

Das Thema der Versammlung ist ein äußerst komplexes Thema. Ich wollte dieses wichtige Thema hier nur kurz anschneiden um ebenfalls zu verdeutlichen, wie wichtig es für jeden Reiter und demnach für jedes Pferd ist.
Ich empfehle jedem Reiter, sich eingehend mit diesem Thema zu beschäftigen.

„Wir sollten besorgt sein, das Pferd nicht zu verdrießen und seine natürliche Anmut zu erhalten. Denn sie gleicht dem Blütenduft der Früchte, der niemals wiederkehrt, wenn er einmal verflogen ist.

Antoine de Pluvinel

Abschließend zum Thema Versammlung möchte ich noch die alten Grundsätze der **klassischen Reitkunst** aufführen:
*Wichtige Grundsätze der klassischen Reitkunst sind die **freiwillige Mitarbeit** des Pferdes und ein **Muskeltraining**, dass das Pferd in die Lage versetzt, das Gewicht des Reiters in allen Lektionen ohne Schaden an Leib und Seele ein Leben lang tragen zu können.*
*Hierzu wird der Schwung des Pferdes – seine muskuläre Fähigkeit zur Bewegung – gefördert und die Gewichtsverteilung durch das Absenken der Kruppe und Aufrichtung des Halses mehr auf die Hinterbeine verlegt.*
*Die Reiter werden angehalten, stets über ihren Umgang mit dem Pferd nachzudenken und **an sich selbst zu arbeiten**; Fehler werden erst beim Reiter und nicht beim Pferd gesucht.*

## Das Reiten über die „Balance" des Pferdes

### Die natürliche Kraft des Fokus

**Modernes Pferdetraining kombiniert mit den Werten der alten Meister**

Wenn wir den Gleichgewichtssinn beim Pferd untersuchen, so fällt auf, dass die Organe, die dem Pferd das Gleichgewicht garantieren, sehr ausgeprägt sind.
Das Kleinhirn, auch Cerebellum genannt, ist um ein Vielfaches ausgeprägter als beim Menschen.
Dies ist begründet in der Tatsache, dass dem Pferd auf der Flucht, seiner eigentlichen „Waffe", dieses Gleichgewichtssystem zum lebenswichtigsten Argument wird. Es darf unter keinen Umständen stolpern, straucheln und allenfalls stürzen, da es sonst zur Beute wird. Das Cerebellum ist zuständig für die Bewegungsabläufe, der Koordination, Feinabstimmung und Steuerung der Motorik.
Für das Pferd ist demnach die Balance, der Gleichgewichtssinn, das wichtigste Überlebensprinzip.

*Was hat das mit dem Reiten zu tun?*

Viel mehr als die meisten vermuten. Schauen wir uns die reiterlichen Hilfen einmal an, die dem Reiter zur Verfügung stehen um Manöver auslösen zu können, so sind es drei mechanische Systeme: Die *Zügelhilfe*, die *Schenkelhilfe*, die *Sitzhilfe*. Abgesehen von den sogenannten Sprachhilfen, die der klassischen Konditionierung zugeordnet werden müssen und demnach gesondert betrachtet werden müssen.

Die alten Meister hatten schon festgestellt, dass zwei Hilfen davon, Zwang auslösen können; die Zügelhilfe und die Schenkelhilfe. Druck und Zug kann beim Pferd Gegendruck und Gegenzug, also Zwang auslösen.
Nur eine Hilfe nicht; **die korrekte Sitzhilfe**!
Was zur Folge hat, dass die Sitzhilfe *niemals* Gegendruck oder Zwang auslösen kann.
Das Pferd wird bei der korrekten Sitz- oder Gewichtshilfe immer versuchen unter das Gewicht zukommen bzw. zu treten. Dies wird gesteuert vom oben genannten Cerebellum.

Die alten Meister haben sich viel Zeit genommen, sich selber im korrekten Sitz zu lehren. Heutzutage wird dies *leider* oft sehr stiefmütterlich behandelt, obwohl es doch der reiterliche Zugang zum Pferd ist.
Kann der Reiter das Pferd über seine Sitz- und Gewichtshilfe steuern, so steuert er über dem Cerebellum den Geist, die Mitdenkende mentale Seite des Pferdes. Was wiederum

zur Folge hat, dass der Fluchtreflex reduziert wird und die mentale Zusammenarbeit im höchsten Maße gefördert wird. Was bei einer Zügel- oder Schenkelhilfe nur bedingt, wenn überhaupt, der Fall ist.
Sitzen bedeutet immer die Balancestange für das Pferd zu sein. Leider neigen viele Reiter dazu zu *lehnen*, dies hat zur Folge, dass der Gleichgewichtssinn nicht für das Reiten genutzt wird, sondern das Pferd über den Gleichgewichtssinn ausgleichen muss.

Da es so zu keiner Gemeinsamkeit kommt, muss der Reiter auf die Zügel und Schenkelhilfe zurückgreifen. Viele Reiter neigen auch gerne dazu, so zu sitzen wie sie auf einem Fahrrad lenken. Dies ist zwar durchaus menschlich, bringt aber das Gleichgewicht nicht unter den Sitz des Reiters. Als Erstes müssen die Körperteile zwischen Pferd und Reiter abgestimmt, bzw. gleich sein.
Die Schultern des Reiters gleich mit den Schultern des Pferdes, die Hüfte des Reiters gleich mit der Kruppe des Pferdes. Dann darf die innere Schulter (das oft noch größere Problem beim Reiter) nicht fallen gelassen werden, ganz im Gegenteil, die innere Schulter müsste ganz leicht (wichtig: ganz leicht) nach oben gerichtet sein. Dies streckt auch die innere Seite des Reiters und vermeidet das sogenannte *Lehnen*. Dann kommen die beiden Sitzbeinhöcker des Reiters zum Einsatz. Möchte der Reiter sein Pferd nach links bewegen, so muss er den linken Sitzbeinhöcker mehr belasten als den rechten und umgekehrt. Brustbein und Bauchnabel geben dabei die gewünschte Richtung vor. All dies in einer sogenannten „Chorhilfe", also alles gleichzeitig und auf das jeweilige Pferd und die gewünschte Lektion abgestimmt.

Ein weiterer wichtiger Aspekt zur richtigen Gewichtshilfe ist noch der positive Wille des Reiters. Auch diesem Aspekt wird häufig zu wenig Beachtung geschenkt. Der Reiter darf die Sitz- und Gewichtshilfe nicht als „leblose" Hülle an das Pferd geben, sondern mit dem geeigneten, positiven Führungswillen und *Leben* im Körper.
All das zusammen bringt dem Reiter eine vollkommene neue Ebene, einen völlig neuen Zugang zum reiterlichen Aspekt des Pferdes.

Die korrekte Sitzhilfe als Führungselement zu erlernen, braucht natürlich Zeit. Das Gefühl dafür muss sich im Laufe der Zeit erst durch viele Übungen entwickeln.
Das Reiten über den Sitz (Balance) wirkt sich nachweislich positiv auf das psychische Wohlbefinden des Pferdes aus. Man wird mit dem Pferd immer mehr eine „Einheit", das sowohl bei ihm wie beim Menschen Sicherheit, Vertrauen und Ruhe schafft.

Für den Reiter bedeutet dies auch ein Umdenken in seiner Reiterei und die Anerkennung der Philosophie der alten Meister kombiniert mit den neuesten wissenschaftlichen und medizinischen Erkenntnissen.

## Die moderne Bodenarbeit

**Bodenarbeit ist *nicht* gleich Bodenarbeit**

Heutzutage gibt es ganz viele Facetten im Bereich der Bodenarbeit.
Im modernen Pferdetraining wird die Bodenarbeit zur ***artübergreifenden*** Kommunikation verwendet.
Artübergreifend darf nicht verwechselt werden mit dem Begriff Artgerecht. Artübergreifend bedeutet die Sprache der Pferde in seinem vollen Umfang mit den menschlichen Möglichkeiten zu benutzen.

In der traditionellen Arbeit am Boden wie dem bekannten Longieren oder der herkömmlichen Bodenarbeit verwendet man meist nur die Bewegungsstrategie. Dies bedeutet das Pferd wird zwar kontrolliert bewegt in den Gangarten, in den Übergängen, in den Richtungswechseln, aber das System des Mitdenkens wird so gut wie gar nicht angesprochen. Sicherlich erzielt man auch damit seine Erfolge, da das Naturgesetz „Wer bewegt wen" auch hier angesprochen wird. Man bleibt jedoch auf der sogenannten Stufe des Druck Weichens stehen. Dies wiederum bedeutet, das Pferd bewegt sich nur weil Druck vom Gegenüber an das Pferd gebracht wird (durch das Schwingen einer Longier-Gerte, durch das Schwingen eines Seiles, durch das Schwingen eines Bodenarbeitssticks und ähnlichem), jedoch nicht, weil eine denkende Verbindung aufgebaut ist.
Man darf jetzt nicht verstehen, dass das schlecht ist, auf keinen Fall. Aber man schließt damit eben nicht die letzte so wichtige Lücke zur effektiven Zusammenarbeit zwischen Menschen und Pferd.

Nur das effektive Mitdenken des Pferdes reduziert demnach maßgeblich den Fluchtreflex.

Artübergreifend bedeutet die natürliche Kraft des Fokus vom Menschen auf das Pferd zu übertragen. Mit Blickrichtung, Ausrichtung von Körperachse und Position, Gewichtsverlagerung oder Zeichen mit Händen, Armen oder Beinen spielen dabei die übergeordneten Rollen.
Über diese artübergreifende Körpersprache wird in der modernen Bodenarbeit das Pferd dazu gebracht zu lernen, jedes einzelne Körperteil getrennt voneinander bewegen (kontrollieren) zu lassen.
Wir müssen uns immer daran erinnern, dass das Flucht- und Beutetier körperlich immer zusammenhängend reagiert. Bewegt man zum Beispiel bei einem unerfahrenen Pferd den Kopf in eine bestimmte Richtung (Laterale Stellung oder Kontrolle), so weicht zur

gleichen Zeit die Hüfte des Pferdes in die andere Richtung aus (Kopf bewegt die Hüfte). Dies gilt als sogenanntes *Normalverhalten* des Pferdes. Jedes Normalverhalten des Pferdes löst aber kein Mitdenken aus. Kein Mitdenken, keine Reduzierung des Fluchtreflexes. Keine echte Zusammenarbeit als Verbindung zwischen Menschen und Pferd. Nur eine *scheinbare* Zusammenarbeit.
Wir müssen demnach in allen Bereichen vom Normalverhalten abweichen und die Elemente so ansprechen, dass das Mitdenken aktiviert wird.

In der englischen Umgangssprache wird das „Every Part of Horses Body must be broke" (broke steht dabei für den Begriff Nachgeben) genannt. Der Begriff hat dabei weder etwas mit brechen oder Ähnlichen zu tun, sondern wird nur in Zusammenhang mit Pferden für den Begriff Nachgeben verwendet.

Die einzelnen Körperteile wie Kopf, Hals, Schulter und Brustbereich mit Vorderbeinen (Teile der Vorhand), Mittelhand und Hinterhand müssen getrennt voneinander bewegt werden können. Wenn zum Beispiel die Hinterhand verschoben wird, darf sich der restliche Körper nicht mit bewegen, was bedeutet, die Vorhand muss stehen bleiben und darf sich dabei nur im Kreise drehen. Weiter ist von größter Bedeutung, dass wie hier zum Beispiel die Hinterhand nicht einfach verschoben wird, sondern was die Beine des Pferdes dabei machen. Jedes Bein hat dabei eine bestimmte Aufgabe und nur wenn die Beine die Aufgaben richtig ausführen, dringen wir in das Denksystem des Pferdes ein – und nur dann.

> „Erst wenn du in der Lage bist, jedes einzelne Bein, in jeder Situation und in allen Belangen, zu kontrollieren, dann erst kontrollierst du dein Pferd."
>
> Kelly Marks

Dies gilt für alle Bereiche und in den verschiedensten Variationen.

Auch die menschliche verbale Sprache findet in der modernen Bodenarbeit keine Verwendung. Dies würde nur sofort wieder vom Mitdenken ablenken und zu einer reinen Form der Konditionierung führen. Was wiederum keinerlei Einfluss auf die Reduzierung des Fluchtreflexes hätte und auch keine echte Förderung der Zusammenarbeit darstellen lässt. Immer aus der Sicht des Pferdes betrachtet.

Echte Zusammenarbeit und echtes Mitdenken lässt Mensch und Pferd als eine komplette Einheit erscheinen. Wie ein Tanzpaar das komplett Synchron agiert, aber von einem der beiden aktiv angeführt wird.

Dabei gibt es so gut wie keine zeitliche Verzögerung in der Anforderung des Menschen bis zur gewünschten Ausführung des Pferdes. Es geschieht alles beinahe zeitgleich. Dennoch muss dabei beachtet werden, dass es sich weiterhin um Pferde handelt und es keine Maschinen werden dürfen, sondern weiterhin Lebewesen mit einer eigenen Einstellung auf vier Beinen sind. Was zur Folge hat, das Fehler erlaubt sind. Und ein Fehler führt zu keiner Bestrafung, sondern durch konstantes Weiterarbeiten wird das Pferd wieder zum gewünschten Erfolg geführt.

Egal wie gut das Pferd auch sein mag, sie haben einen markanten Unterschied zum Menschen:

**Pferde machen sich immer schlechter als sie sind.**
**Menschen machen sich immer besser als sie sind.**

Deswegen ist nur allzu korrekt, wenn Pferde immer wieder im Lernen erinnert werden müssen, was sie eigentlich schon alles gelernt haben und bereits können. Das ist als Energiesparer nur allzu verständlich und muss von uns Pferdebesitzern und Reitern akzeptiert werden. Wenn nicht, wird es zwangsläufig immer wieder zu Konfrontationen kommen, die die bereits erreichte gemeinsame Basis gefährden könnte.
Die Bodenarbeit im modernen Pferdetraining ist demnach weit mehr als nur eine Form der Bewegungsstrategie. Es ist eine Form der echten artübergreifenden Kommunikation zum gegenseitigen Verstehen, das positive Erarbeiten von Respekt, das Fördern des Mitdenkens und der echten Zusammenarbeit aus pferdischer Sicht, das Nutzen der Naturgesetze in seinem vollen Umfang, die Entwicklung der notwendigen reiterlichen Muskulatur und das Bilden von echtem Vertrauen aus der Sicht des Pferdes heraus.

Allgemein nutzt das moderne Pferdetraining die korrekte Bodenarbeit, um auch beinahe alle reiterlichen Probleme zu lösen. Immer wenn es reiterliche Konfrontationen oder Ähnliches gibt, steigt der Reiter ab und klärt dies mit ganz bestimmten Lektionen am Boden. Danach steigt der Reiter wieder auf und die vorher vorhandenen Schwierigkeiten sind meisten gelöst.

Noch heute gilt in der traditionellen Reiterwelt die Meinung „Wer absteigt hat verloren". Dies wird in der modernen Reiterwelt durch das Wissen um das Denksystem des Pferdes und seine dementsprechende Verarbeitung vollkommen abgelehnt.

„Wann immer Du ein Problem im Sattel hast,
steig ab und kläre es am Boden"

Martin Kreuzer

Ich spreche dabei von keinen reinen technischen Problemen (Hilfegebungen und deren Ausführungen), sondern von Problemen wie das Pferd gibt nicht nach, das Pferd geht dagegen, das Pferd wird immer schneller, das Pferd beginnt zu bocken oder steigen, das Pferd geht durch, das Pferd hat keinen Respekt vor den reiterlichen Hilfen, das Pferd geht nicht über die Brücke und dergleichen mehr.

All diese unzähligen kleinen wie großen Probleme können vom Boden aus gelöst werden. Das Pferd transportiert die Lösung dann durch sein Verarbeitungssystem in die reiterliche Tätigkeit.

**Durch die moderne Arbeit am Boden wird das Reiten leichter, besser und verständlicher.**

Das baut eine direkte denkende Verbindung zum Menschen auf. Diese nimmt es mit sobald der Reiter sich in den Sattel begibt. Ist diese Verbindung nicht vorhanden, ist es wie, wenn der Reiter nur Passagier ist und nur durch körperliche Einwirkung seine Ziele erreicht.
Ist diese Verbindung jedoch aufgebaut, so ist der Reiter ein echter Pilot und steuert sein Pferd mit direktem und indirektem Gefühl dorthin wo er es gerne möchte, mit Sicherheit, Leichtigkeit und Losgelassenheit.

Mit der modernen Bodenarbeit zu einem besseren Reiten.

Martin Kreuzer

## Nachwort

Dieses Buch soll dir helfen, alte eingefahrene Pfade zu verlassen.

Es soll Dich inspirieren, neue Wege zu gehen in deiner Reiterei. Egal welche Ziele Du auch verfolgst. Egal welches Pferd Du reitest, oder welchen Reit-Stil Du bevorzugst.
Pferde sind so ausgesprochen wunderbare Tiere und immer bereit, etwas mit dem Menschen zu unternehmen und es wäre schade, dabei unzufrieden oder gar unglücklich zu sein.

Ich möchte Dich als ambitionierten Pferdemenschen auch motivieren, nicht daran zu arbeiten, eine immer noch bessere Methode zu finden, Dein Pferd kontrollieren zu können. Sondern daran zu arbeiten, Dein Pferd nicht mehr kontrollieren zu brauchen.
Das Gefühl einer echten und aus pferdischer Sicht vertrauensvollen Zusammenarbeit, ist ein Gefühl, auf das ich nicht mehr verzichten möchte.

Und dies zu erleben wünsche ich Dir auch.

Du kannst noch viel mehr erreichen, als Du dir jetzt vorstellen kannst. Lass Dich auf die Wahrnehmungsebene deines Pferdes ein, nutze seine Lernpsychologie und seine Naturgesetze und aktiviere sein Mitdenken.

Ich wünsche Dir nun weiterhin ganz viel Freude und Erfolg mit Deinem Pferd.

*Dein Martin Kreuzer*

**MKA – Horsemanship Academy**
**www.martinkreuzer.com**

## Ebenfalls im Best-off-Verlag erschienen:

**Martin Kreuzer**

**Leben neu er-leben**

**DIN A5 · Softcover · 94 Seiten ·€ 11,50**
**ISBN 978-3-96133-048-5**

Leben neu erleben:
Der interessierte Leser soll mit diesem Buch erfahren, wie er selber sein Leben neu gestalten kann. Jeder Mensch kann sein Leben selbst so gestalten, wie er es gerne hätte. Viele erfolgreiche Menschen haben uns dies bereits vorgelebt und dennoch glauben viele, dass das nur Einzelfälle sind und nicht für die – entschuldigen Sie – Allgemeinheit gilt.
Ich möchte Ihnen mit meinem Buch ein Werkzeug an die Hand geben, wie Sie es tatsächlich schaffen können, Ihr Leben neu zu gestalten. Glücklich und erfolgreich zu sein in allen Bereichen des Lebens ist möglich – für jeden einzelnen von uns. Ganz egal wo er herkommt, was er bis jetzt gemacht hat, welche Träume und Wünsche er hat, welche Vorkenntnisse er hat, welche Ausbildung er genossen oder eben nicht genossen hat. Gleichzeitig möchte ich Sie, lieber Leser, motivieren aktiv zu werden.